QUELQUES IDÉES

D'UN

GENTILHOMME CAMPAGNARD

SUR L'AGRICULTURE

QUELQUES IDÉES

D'UN

GENTILHOMME CAMPAGNARD

SUR L'AGRICULTURE

PAR

M. DE BÉNAVILLE

NANCY

Typographie A. LEPAGE, Grande-Rue, 14.

1866

AVANT-PROPOS

DE LA SECONDE ÉDITION

Lorsque je me suis décidé à écrire mon petit ouvrage sur l'agriculture, je craignais, je l'avoue, de trouver chez bien des gens un accueil peu sympathique, pour ne pas dire hostile, parce que, dans notre siècle, où presque toujours on cherche malheureusement le brillant beaucoup plus que le solide, il me semblait impossible, en voulant parler de l'agriculture d'une manière sérieuse et en ne cherchant mon appui que dans la froide raison, de ne pas me trouver en opposition avec tous ceux qui veulent le progrès à tout prix.

Je confesse avec un véritable bonheur que je m'étais trompé, et je suis convaincu maintenant par l'accueil bienveillant que j'ai vu faire à quelques idées pratiques qui forment ma première édition, que le sens commun peut être encore apprécié en France et surtout en Lorraine.

C'est ce qui m'a décidé à travailler à cette seconde édition, dans laquelle j'ai fait tous mes efforts pour tâcher de faire connaître la position exacte où se trouve maintenant l'agriculture lorraine, les causes par lesquelles elle est obligée de rester presque stationnaire, et le peu de concession et d'appui qu'il lui faudrait pour prendre largement son essor.

C'est en constatant les bonnes intentions de ceux qui sont chargés plus spécialement de la direction agricole en France ; c'est en voyant combien ils deviennent de jour en jour plus embarrassés pour donner une solution convenable à cette principale artère de notre société, parce qu'ils ne connaissent de l'agriculture que la théorie qui trouvera toujours et partout des obstacles où la pratique aurait tant de facilité de se tirer d'affaire, que je me suis décidé à tâcher d'aider la bonne volonté partout où elle peut se trouver; et en doublant mon petit ouvrage de me faire une seconde fois l'interprète des fermiers *hors-concours,* qui prouvent en s'enrichissant sans le secours d'aucune prime, ni d'aucune médaille, que si les vrais cultivateurs étaient un peu plus consultés en Lorraine et en France, le bétail, les prés et les champs rapporteraient bientôt de quoi satisfaire le propriétaire, de quoi récompenser largement le fermier, et par conséquent de quoi augmenter le bien-être de la population. Je suis loin de penser que j'ai écrit tout ce qu'il y avait à dire sur notre bel état ; il faudrait des volumes et des volumes pour pouvoir en venir à bout, et d'ailleurs je suis loin de me croire universel. J'ai seulement voulu essayer de donner un élan à toutes les intelligences honnêtes et sérieuses, qui, je l'espère de tout mon cœur, voudront m'imiter, et c'est en réunissant nos efforts que nous parviendrons, en faisant doubler les ressources des campagnes, à augmenter le bien-être des braves gens.

QUELQUES IDÉES
D'UN
GENTILHOMME CAMPAGNARD
SUR L'AGRICULTURE

PRÉFACE

Aux braves Campagnards lorrains.

(Aide-toi, le Ciel t'aidera.)

Si j'écris ces quelques pages, c'est que j'ai remarqué qu'en agriculture, la théorie, en général, veut toujours diriger la pratique, et qu'au moyen de ces trois grands mots : le Progrès, l'Innovation, la Routine, les agronomes de cabinet cherchent à dominer les vrais cultivateurs ; et comme la théorie est à peu près la même pour toute la France, il est facile d'apercevoir qu'ils cherchent à prôner en Lorraine la culture de la Brie et de la Beauce, et les herbages de la Normandie.

Trop de ruines successives ont déjà malheureusement prouvé aux cultivateurs qu'ils doivent beaucoup plus s'en tenir à leur propre expérience qu'aux rêveries de personnes qui souvent n'ont jamais tenu une charrue, et qu'au lieu de théories et de généralités, le fermier raisonnable doit se baser sur la pratique locale, les succès obtenus, et le genre de bétail le plus approprié aux besoins et aux ressources du pays.

Le progrès en agriculture n'est pas de tout changer, de tout risquer, sans avoir une certitude de réussite. Un campagnard qui voudrait suivre toutes les idées qui se jettent sur le papier, se donnerait d'abord bien du mal et se verrait bientôt ruiné.

Le progrès, quoi qu'on en dise, ne peut se produire qu'en s'appuyant sur la vieille expérience de nos pères. Le progrès peut améliorer, perfectionner, mais la véritable base de l'agriculture dans chaque pays restera toujours la même. J'entends, moi, par homme de progrès, celui qui fait le mieux et le plus honnêtement ses affaires, et non l'agronome qui se ruine, fût-il médaillé vingt fois.

Voilà pourquoi, comme je prétends que l'agriculture est une science essentiellement locale, et par cela même toute d'observation pratique, et non d'étude de cabinet, quelque consciencieusement qu'elle ait pu d'ailleurs être faite, je me suis décidé à écrire mes observations et mes essais, qui, s'ils peuvent être utiles aux braves gens qui auraient des propriétés analogues à celles que je cultive, me seront doublement précieux, s'ils pouvaient rendre service à mon prochain, tout aussi bien qu'à moi.

PREMIÈRE PARTIE.

Du cultivateur.

Les cultivateurs peuvent se diviser en cinq classes bien distinctes :

1° L'agriculteur amateur.

2° L'agronome qui ne s'occupe d'agriculture que dans son cabinet.

3° Le fermier et ses domestiques.

4° Le petit propriétaire qui cultive ses terres.

Enfin l'ouvrier de campagne dont les ressources ne vont pas au delà de la portion communale et de quelques parcelles, fruit de son travail.

De l'amateur.

L'amateur d'agriculture doit aussi se diviser en deux types très différents : l'amateur sérieux et l'amateur frivole ; tous les deux en général étant ou paraissant riches, pourraient rendre de grands services, si leur capacité était à la hauteur de leur tâche ; mais l'amateur frivole, que le besoin de briller domine, a été voué de tout temps à essayer à ses risques et périls toutes les innovations d'agriculture, ce qui, je l'avoue, permet au véritable cultivateur de juger ce qu'il pourrait trouver d'utile dans les essais de son confrère et d'en tirer profit pour le bien général; après les avoir passés, bien entendu, par le grand creuset de l'expérience et de la raison; et ce qui lui permet surtout (car le mérite est généralement modeste) de pouvoir presque toujours, à son grand contentement, se dispenser d'être mis trop en évidence. C'est en revanche une grande et noble tâche que s'est imposée le véritable agronome, d'arriver par ses efforts, son intelligence, ses sacrifices, de servir de bras droit à la Providence, dans sa bonté pour les humains. Rien ne me semble remplir plus noblement la mission que le souverain maître a départie à chacun de nous sur la terre; il faut dire aussi qu'avec sa fortune et généralement sa position dans le monde, s'il a su conserver une véritable indépendance, aucune position n'est plus propice que celle du véritable amateur d'agriculture, pour s'attirer la seule chose digne d'envie, l'estime des braves gens.

Cependant je dois prévenir tous ceux qui désireraient se lancer dans cette belle carrière, qu'il faut réfléchir à deux fois avant de l'entreprendre, que la bonne volonté et l'étude théorique ici ne suffisent point, qu'il faut de longues années de pratique pour faire un agronome, et que la science agricole ne s'acquiert qu'au prix de déboires bien coûteux et bien amers ; qu'enfin il faut s'adonner tout à fait à l'agriculture ou ne pas s'en mêler du tout, car vous risquez de vous ruiner, et cela va vite, si vous faites fausse route. La terre, le bétail, ne pardonnent jamais ni la négligence, ni l'incapacité, et si vous êtes assez heureux pour obtenir de bons résultats, sachez que vous en serez toujours récompensé bien moins que le fermier ordinaire pécuniairement parlant, et c'est pour cela par conséquent que la tâche du véritable amateur est une si noble tâche, car c'est celle du dévouement.

De l'agronome de cabinet.

C'est un vieux proverbe bien connu que le papier se laisse écrire, et le mal ne serait pas bien grand, si par malheur, les honnêtes gens ne se laissaient si souvent prendre aux phrases ronflantes qui s'y jettent, et si, surtout, les conseilleurs ne devaient être les payeurs en cas de non réussite ; mais comme il en est autrement, suivez un bon conseil : Méfiez-vous comme de la peste, de tous ceux qui font de l'agriculture par A + B, comme on fait des mathématiques, accompagnées toujours des résultats les plus flamboyants; la réussite est toujours certaine, et la facilité avec laquelle tous les obstacles que le ciel et la terre nous opposent si souvent, sont regardés pour si peu, est quelque chose de vraiment étonnant; les conséquences, il est vrai, en sont presque toujours funestes pour ceux qui les écoutent: mais le malheur de Pierre ne donne pas, hélas ! de l'expérience à Paul, et la rage de vouloir innover est tellement bien enracinée en France, que c'est une mode que l'on suit à tout prix ; or, qui ferait vivre les agronomes de cabinet, si ce n'étaient les innovations, et surtout les innovations quand même. Il est possible qu'il y en ait quelques-uns de ces agriculteurs sans terre qui voudraient rendre véritablement service, et qui frappés de quelques bons résultats partiels, dont ils sont éblouis, croient, dans leur ignorance pratique, pouvoir vous faire réussir dans un pays où la terre, en moyenne, est de troisième qualité, comme dans la Brie et dans la Beauce, sans se douter que c'est tout simplement impossible, et qu'il faut à chaque province, à chaque village, souvent à chaque champ même, une culture différente et qui lui soit appropriée. Quand vous voyez que ces personnes se trompent, tout en vous engageant vivement à n'accepter des conseils d'agriculture que ceux dictés par l'expérience, tenez-leur compte au moins de leur bonne volonté; mais ceux qui n'écriraient que pour de l'argent, qui ne craindraient pas de chercher à vous éblouir par de belles phrases, pour remplir leur bourse, en risquant votre ruine, oh! ceux-là sont véritablement condamnables, et il est malheureux qu'ils ne soient pas obligés de rendre compte à la société des malheurs qu'ils ont pu causer.

Il faut cependant se hâter de dire que pour les vrais praticiens, ces belles promesses ont peu d'attrait, et qu'il est difficile de les entraîner par de grandes phrases quand ils sont convaincus que leur avenir ne dépend que de leur intelligence et de leur activité, et nullement des rêves brillants de ceux qui de leur vie, n'ont touché une charrue. Pourtant combien de propriétaires éblouis par des résultats sur le papier, n'ont-ils pas été tentés, en les lisant, de renvoyer un bon fermier pour accepter les offres de risque-tout qui, règle générale, ne finissent jamais leur bail, et ne font d'autre tort à leur maître que de lui laisser, au bout de quelques années, une ferme ruinée, et quelques canons arriérés dont il ne touchera jamais rien.

Mais si le cultivateur de cabinet a peu voix au chapitre, il n'en est pas de même de tous ceux qui, par leur expérience, leur position, peuvent et doivent être écoutés sérieusement quand ils donnent un conseil. A ceux-là je dirai : Messieurs, prenez garde, car vous avez une terrible responsabilité, et si vous protégez des semences nouvelles, un mode de culture qui peut changer celui du pays, faites comme le sage, tournez sept fois votre langue avant de parler, essayez dix fois ce que vous avancez, pour ne pas être au regret, si vous êtes honnête homme, d'avoir agi trop vite, car vous ne pouvez pas réparer le mal que vous avez causé.

Que les cultivateurs ne m'accusent pas cependant par ce que je viens de dire de vouloir arrêter l'essor raisonné de l'agriculture; Dieu m'en garde! et la preuve que j'ai la plus haute estime pour tous les gens sensés qui viennent vous faire part de leurs idées véritablement sérieuses, et appuyées par les résultats, c'est que moi-même je viens vous communiquer mes observations de vingt-cinq ans, pour tâcher d'être utile, si je le puis, en vous recommandant surtout de ne pas oublier que je ne suis pas plus infaillible que ne le sont les autres; que tout dépend, encore une fois, en agriculture, de la position du cultivateur, de la qualité de ses terres, et que si vous êtes sages, tout en étudiant sérieusemeut les idées que l'on vous donne, c'est votre expérience pratique seule qui doit être juge, pour savoir si elles sont acceptables dans les terres que vous avez à cultiver. Encore une fois, ayez des moutons tant que vous voudrez, cultivateurs, mais prenez garde, vous, d'être moutons de *Panurge*.

Du fermier et des domestiques.

Avez-vous un bon fermier? conservez-le si cela est possible, car un vrai fermier devient rare. Vous me demanderez peut-être, vous autres propriétaires, qui ne voyez dans un bail qu'un cautionnement quelconque, si la certitude pécuniaire ne vaut pas la confiance bien méritée; en deux mots je vais vous répondre : Tenez d'abord aux qualités morales, car celles-là ne vous manqueront jamais, et j'ai déjà vu, quoique jeune encore, bien des cautionnements qui ne pouvaient suffire à couvrir la paresse et l'orgueil, poussés aussi loin qu'on le voit de nos jours. Maintenant si vous pouvez obtenir l'un et l'autre, vous seriez bien fous de ne pas chercher à assurer votre sécurité.

Mais enfin, qu'est-ce qu'un bon fermier? c'est cet homme actif, intelligent, ne craignant pas de donner à ses ouvriers l'exemple du travail, et s'il veut se faire respecter, tâchant de leur imposer surtout par sa probité et sa capacité. Il faut qu'il soit le premier levé et le dernier couché de sa maison; que lorsqu'il ne peut être à la tête de ses gens, on craigne toujours sa surveillance; qu'il préside à la distribution de la nourriture du bétail, et qu'il veille de près ou de loin à la manière dont il est conduit; il faut qu'il devine la qualité d'un cheval ou d'un bœuf presque aussi vite que les marchands de bestiaux, de père en fils. Il faut qu'il soit toujours sobre, pour être sûr de n'être jamais dupe; il faut enfin qu'il soit ce que l'on peut appeler un homme.

Il est incroyable jusqu'à quel point ces fermiers inconnus généralement dans les concours et que j'appelle, moi, fermiers modèles, ont poussé la science d'observation par les données qui, d'abord leur ont été transmises par leurs pères, et par leurs études particulières. Un vrai fermier se trompe peu, au seul aperçu du grain de la terre et de son exposition, sur son produit probable. Mais ce qui surtout me confond, c'est la certitude avec laquelle, j'ai vu pronostiquer, en dépit du baromètre, la pluie et le beau temps, avec la confiance intime de ne point se tromper : ce qui donne, il faut en convenir, un avantage immense pour l'opportunité des travaux et la rentrée des récoltes. Il faut être bien observateur pour pouvoir donner des leçons au mercure, quand, entendons-nous bien, il ne se fâche pas trop.

Outre la surveillance de ses gens et de son bétail, il est de toute nécessité que le fermier préside à la distribution du fumier et à ses labours : pas de fumier, pas de récolte; puis chaque champ ne devant pas être fumé de la même manière, selon la qualité des terres et les fumures antérieures, il faut que le fermier veille à ce que chaque corvée reçoive ce qui lui est nécessaire d'engrais, et qu'un serviteur ne le prodigue pas inutilement, je dirai plus, dangereusement.

Dans un simple sillon, à un tel bout, il faut quelquefois s'abstenir de fumer dans la crainte du roulage, et à l'autre extrémité, si on veut avoir une bonne récolte, il ne faut pas craindre d'enrichir la terre ; et si le fermier ne conduit pas ses voitures lui-même ou n'est pas là pour en diriger la distribution, il payera souvent cher à la moisson son manque de surveillance.

Quant aux labours, tout le monde sait que la quantité qu'on en doit donner, et l'époque la plus favorable, dépendent de l'espèce de terre que vous cultivez. C'est surtout dans ce travail que l'observation, l'intelligence et l'activité du cultivateur se révèlent. Manquez des terres blanches un peu compactes, par exemple, et vous verrez si elles vous pardonneront ; je n'ai pas besoin d'ajouter que le fermier doit veiller à ce que tous les labours soient faits en vrai cultivateur et non en barbare, par la profondeur et la largeur raisonnables des raies, l'endossement des champs, l'écoulement des eaux, etc., etc., s'il veut être sûr de récolter favorablement.

S'il y a quelques jeunes chevaux à essayer à la charrue ou au chariot, et surtout à ménager, qui doit les conduire, si ce n'est le fermier? et s'il veut compter que ses semailles soient bien faites, le plus sûr moyen c'est de semer lui-même, ou du moins de quitter le moins possible ceux dont sa récolte dépend. S'il veut, ce qui est malheureusement trop rare en général et dans nos cantons en particulier, soigner convenablement ses prés, les niveler autant que possible, les irriguer, les faire drainer où cela est nécessaire, faire tous les petits travaux indispensables pour profiter des égouts, des corvées environnantes, etc., il faut que ce soit encore le cultivateur qui dirige et surveille ces ouvrages. Il faut donc qu'il soit tout entier à son train de culture; et s'il est obligé quelquefois de s'absenter pour ses affaires et ses marchés, et s'il n'a pas de fils pour le remplacer, qui doit en quelque sorte prendre sa place? la fermière; si elle veut se montrer la digne compagne du cultivateur. Qu'elle soit active, propre, et surtout économe, mais d'une économie bien entendue. Il est certain que les travaux des champs ne doivent la regarder que par exception; mais son ménage, sa laiterie, presque toujours son jardin, l'entretien de tout son monde et de toutes ses bêtes, lui fournissent assez d'ouvrage pour n'avoir pas une minute à perdre, si elle veut que tout marche bien dans tout ce qui dépend de sa juridiction, et ses attributions sont tellement essentielles, que presque toujours la réussite de toute la ferme dépend de son intelligence et de sa bonne volonté.

Si les ouvriers, les domestiques, sont mal soignés, mal nourris, ils se dégoûtent; et que peut faire le cultivateur sans aide? Si le maître a été obligé quelquefois de gronder et de se montrer sévère, c'est sa femme qui doit tâcher de ramener la paix et la concorde dans la maison, avec quelques bonnes paroles qui ne lui coûtent guère. A propos de paroles, s'il y a même un défaut chez les femmes en général, et surtout chez les fermières en particulier (et j'ai tout lieu de croire que cela provient de l'esprit de domination qui résulte de leur position), c'est qu'elles usent, je dirai plus, c'est qu'elles abusent généralement un peu trop de leur langue, surtout pour ce qui peut regarder leur prochain; et combien de déboires les pauvres maris auraient évités si leurs dignes moitiés ne s'étaient occupées que de ce qui les regarde ?

La nourriture du cultivateur est bien simple, en général, mais il est indispensable au moins qu'elle soit propre et assez abondante pour soutenir les forces de gens qui travaillent aussi fortement. Dans les moments pressés, des coups de chien, comme il les appelle, un vrai fermier ne regarde pas à quelques bouteilles de vin supplémentaires, il est sûr d'avance qu'il en sera bien payé par le redoublement d'énergie de son monde.

L'homme intelligent, qui cultive la terre, comprend trop bien l'avantage des grandes pièces pour ne pas tâcher d'amener son propriétaire aux échanges utiles, et son intelligence le portera surtout à chercher à obtenir les communications les plus faciles possibles, car, sans communications, il faut retomber dans l'ancienne coutume des trois saisons, et Dieu sait ce qu'elle a déjà fait perdre aux cultivateurs.

Dans bien des communes, l'avoine vient mal; il est pourtant bien dur de cultiver des terres difficiles, d'avancer sa semence, quand on se méfie de la récolte, et qu'ordinairement le blé viendrait si bien chaque deux ans dans ces terres où l'avoine vient si mal.

Vous parlerai-je maintenant de la mise du vrai cultivateur? Elle est généralement restée simple; il laisse à ceux qui se ruinent le luxe des habits, la fréquentation des cafés, et les plaisirs dispendieux de la table ; aux fous, le brillant, aux sages, le solide, l'orgueil du sage, en agriculture, se porte plus volontiers sur un bon train, des récoltes qui promettent que sur la poudre que l'on cherche à jeter aux yeux presque toujours, quand on n'a plus d'autre moyen pour dissimuler la triste vérité. Je ne veux pas dire par là que lorsqu'il réunit ses parents ou ses amis, l'agronome renie les devoirs de l'hospitalité; oh! loin de là : impossible dans ces occasions de faire comprendre à une bonne fermière que l'on n'a pas douze estomacs au moins, et elle ne dormirait pas tranquille, si elle n'était sûre d'être parvenue à faire rougir Gamache et sourire le bon Sancho, de glorieuse mémoire.

Les cultivateurs lorrains labourent en général leurs fermes avec des chevaux. Il y en a beaucoup qui le déplorent et qui avouent hautement que si la moitié de leur culture était faite par des bœufs, leur bénéfice augmenterait d'une manière sensible; mais qu'ils ne peuvent pas vaincre l'antipathie de la grande majorité des domestiques pour ces animaux lents, sales, butors dans leurs mouvements, et cependant si utiles et si avantageux. Dans l'article bétail et fumier, je ferai comprendre facilement la différence qui existe entre la culture avec des chevaux et celle faite avec des bœufs ; mais puisque nous parlons des domestiques, étudions-les d'assez près pour pouvoir juger si le cultivateur a toujours raison de les accuser sans cesse.

Nos jeunes gens de la campagne, en Lorraine, ont presque toujours le cœur bon, mais la tête un peu légère, les qualités d'une bonne nature pleine de sève et de vie, et presque tous les travers d'un manque complet d'éducation.

En somme, je crois que le bien est vraiment réel et le mal presque factice. Voulez-vous la preuve de ce que j'avance ! Interrogez ces braves officiers de zouaves et de chasseurs de Vincennes qui savent si bien prendre, avec la juste fermeté du chef et la bonhomie du soldat, ces jeunes têtes dont ils font des héros que tout le monde admire, ils vous répondront qu'ils sont presque toujours fiers des contingents que la vieille Lorraine leur envoie ; et rien n'est plus facile à concevoir : outre les véritables qualités morales de ces braves jeunes gens, ils sont de plus tellement endurcis à la fatigue dans le pénible état qu'ils exercent, que je doute, que dans une campagne, ils aient à déployer plus d'énergie que dans la rentrée d'une seule récolte contrariée.

Pourquoi donc le cultivateur prétend-il avoir tant à se plaindre d'eux? c'est qu'il oublie malheureusement souvent que pour se faire aimer et respecter de ses gens, il faut surtout prêcher d'exemple.

Vous leur reprochez de ne pas prendre vos intérêts, avez-vous soin de leur prouver que vous prenez toujours les leurs ?

Vous vous plaignez amèrement de leur manque de respect pour leurs maîtres; respectez-vous toujours devant eux ce que vous devez respecter vous-mêmes ?

Vous semez le vent dans une riche terre, cultivateurs, pourquoi vous étonner si quelquefois vous récoltez la tempête?

Est-ce leur faute à ces pauvres jeunes gens s'ils sont privés des bons conseils qu'ils devraient recevoir; si dans tout ce que vous leur dites, votre intérêt perce tellement que vos leçons, non-seulement perdent toute leur valeur, mais leur laissent même une impression de méfiance, quelquefois bien légitime?

Toutes les religions, presque toutes les législations, veulent qu'il y ait pour l'homme, et surtout pour celui qui travaille, un jour de repos par semaine; de quel droit, sauf absolue nécessité, les privez-vous de ce jour qui leur appartient, en réservant pour le dimanche nombre de travaux que vous auriez pu, je dis plus, que vous auriez dû faire achever les autres jours?

Croyez-vous qu'ils soient assez dépourvus de bon sens, pour ne pas voir le tort réel que vous leur faites? et si dans la semaine ils cherchent à récupérer à vos dépens les heures de travail que vous leur avez imposées si injustement, de quoi, diable, vous plaignez-vous? Commencez, par vous montrer raisonnables, et seulement alors, vous aurez le droit de vous plaindre.

Quant au respect vis-à-vis de vous, où voulez-vous qu'ils aillent chercher toutes ces belles marques d'éducation, quand vous vous obstinez beaucoup trop à ne les traiter que comme de simples instruments de votre fortune, comme s'ils n'avaient pas une raison, une âme, tout aussi bien que vous.

Vous tremblez de faire le plus léger sacrifice pour les retenir à la maison; ne les empêchez pas, au moins, surtout ceux qui sont loin de leurs familles, de se réunir à la grande famille chrétienne, et de chercher, en élevant pendant quelques instants leur âme jusqu'à Dieu, votre maître comme le leur, à puiser dans ses divins préceptes, le courage moral qu'il faut à un serviteur pour être convenable vis-à-vis de son maître.

Si vous vous obstinez à tuer ces jeunes intelligences, ne vous étonnez point qu'ils ne leur reste plus que des idées matérielles, et qu'ils aillent chercher au cabaret et dans l'orgie des jouissances dont ils rougiraient certainement, s'il leur était donné de pouvoir former leur cœur et leur esprit; et ce n'est point, croyez-moi bien, cultivateurs, ni au cabaret, ni dans la débauche, qu'ils apprendront à soutenir vos intérêts et à respecter votre position.

Pour me résumer en deux mots : faites votre devoir vis-à-vis de vos domestiques, soyez justes et fermes, et je vous garantis qu'ils seront infiniment mieux vis-à-vis de vous.

Il se trouve aussi malheureusement quelquefois parmi ces braves gens des natures rebelles; oh! ceux-là, qu'aucune considération ne vous arrête : chassez le lépreux de chez vous, de peur qu'il ne gâte tous les autres.

Comme je viens de le dire tout à l'heure, chez beaucoup d'agriculteurs, le matérialisme a malheureusement tué la poésie de l'âme, le besoin de s'enrichir a détruit le culte; on ne peut pas oublier Dieu, et comme on ne veut plus l'honorer, on le craint et on le maudit, mais il ne peut pas y avoir d'athée pour ceux qui cherchent à diriger la nature, et dans les moments où la main du Seigneur se fait sentir, qu'on le bénisse ou qu'on le blasphème, on est toujours forcément obligé de reconnaître que l'homme est bien petit, et que le Créateur est bien grand.

Si j'ai dit avec raison, en commençant cet article, que le propriétaire a tout à gagner à conserver un bon fermier, je dois ajouter que le cultivateur a tout intérêt à continuer de diriger des terres dont il connaît toutes les qualités et les défauts, et qu'il a améliorées de longue date. Il est à peu près sûr de récoltes fructueuses, sans risquer toutes les pertes inévitables d'un commencement de bail; et sans crainte de tomber surtout sur des terres ingrates, où viendraient échouer et son intelligence et son activité. Je pose en fait que les trois quarts et demi du temps la première moitié du bail a bien du mal de couvrir les pertes de bétail et les récoltes médiocres, qui font payer cher au cultivateur l'étude qu'il est obligé de faire des terres qu'il exploite et la négligence de ses devanciers. Si donc dans les dernières années de sa jouissance, il obtient des produits beaucoup plus considérables, il faut être assez juste pour en défalquer d'abord la rente de l'argent qu'il lui a fallu pour se monter, reporter la moitié du produit sur les premières années, dont le bénéfice a été nul, et enfin, bien vous convaincre, messieurs les propriétaires, qu'un cultivateur n'entend pas se donner tant de mal et risquer son patrimoine, pour le seul plaisir de vous payer des canons. Mais enfin, en renouvelant son bail, le fermier double presque ses chances de succès ; il est bien juste alors que s'il est sûr de faire de beaux bénéfices, le propriétaire en ait sa part ; mais que celui-ci prenne bien garde aussi de se montrer trop déraisonnable, car, encore une fois, tout dépend en agriculture des qualités du fermier, et si vous renvoyez un homme qui paye bien, qui améliore votre propriété, avec lequel vous pouvez dormir tranquille, vous pouvez avoir affaire, pour le remplacer, à un de ces orgueilleux, qui ne craignent pas de prendre à tout prix les fermes qui leur plaisent et qui, malgré les cautionnements, ne finissent pas toujours leur bail.

Du petit propriétaire cultivant lui-même son bien.

C'est surtout sur la petite culture que je crois qu'il m'est permis de pouvoir raisonner, car si j'ai étudié l'agriculture en grand, par goût, je me suis réduit à une simple charrue sur des terrains de toutes les classes, pour arriver à tâcher d'aider la nature dans les mauvaises terres, et à faire produire le plus possible à celles de bonne qualité, ce qui doit être, selon moi, le grand et l'unique but de l'agriculture. Quoiqu'il soit presque indispensable qu'il ait à sa disposition un cheval pour le marché, pour les courses qu'il peut avoir à faire, etc., le petit propriétaire, surtout, s'il a des enfants pour lui aider, doit cultiver avec les bœufs : avantage immense qu'il a sur le fermier, lui seul peut engraisser avec profit son bétail, car, s'il est à sa charrue, sa femme ou un de ses enfants peuvent se charger de cette besogne qui demande tant de soin, d'intelligence et d'économie, qu'il est presque impossible de pouvoir la confier à un serviteur, si l'on veut réussir, et y trouver un bénéfice raisonnable.

J'ai connu plus d'un cultivateur habile et

ne comptant pas ses peines, qui a essayé cette branche d'industrie, et qui m'a avoué franchement que, pour lui, l'engraissement du bétail était plus nuisible qu'utile, parce qu'il ne pouvait point assez surveiller, et que l'agriculteur en grand devait se contenter, en général, de vendre le bétail à cornes en bonne viande, en laissant à son confrère en petit la tâche d'engraisser.

Le petit cultivateur a donc généralement plus de gros bétail à proportion que son confrère, et le fumier de bœuf valant plus du double que celui de cheval, ses récoltes doivent nécessairement s'en ressentir, sans compter que, n'étant pas forcé de labourer presque par tous les temps comme le fermier ses cultures sont assurément mieux faites et plus profitables. Le petit cultivateur doit donc récolter en moyenne un quart de plus que le fermier, malgré l'avantage immense des troupes de moutons qu'il lui est impossible de penser même à aborder, mais qu'il doit tâcher de contrebalancer par la bonne tenue de sa marcairie. Ce résultat lui est d'autant plus facile, que seul il cherche la véritable amélioration de sa propriété ; en conduisant tout l'hiver, sus ses terres plus fortes, les terres douces, qui permettent de les cultiver plus facilement, et que, s'il y a quelques mauvaises pièces, rien ne sera perdu, ni dans sa cour, ni partout où il pourra se procurer des terrains neufs et riches, qui, mélangés convenablement avec des friches, finiront par faire une bonne pièce d'un terrain où l'on ne récoltait rien. A-t-il des bouts de champs où l'eau noie la récolte, a-t-il quelques parcelles de prés trop fangeux, où les roseaux dominent l'herbe : vous le verrez bientôt faire ouvrir, dans l'un et l'autre, des fossés d'un mètre de profondeur, d'une largeur qui varie selon la quantité de terre qu'il faut pour le nivelage ou l'exhaussement du terrain, faire ramasser l'automne, dans le moment où les pauvres gens n'ont généralement plus d'ouvrage, les pierres roulantes, de ses prairies artificielles et de ses terres, les conduire à temps perdu, surtout l'hiver, si possible est, dans les fossés qu'il a fait faire, et les combler de quarante à cinquante centimètres, selon qu'il lui faut plus de terre, pour l'amélioration de sa propriété; par là, à peu de frais, il aura fait une charité d'abord, aura amélioré le terrain d'où il tire ses pierrailles, aura drainé pour toujours les terres où il les a conduites, et grâce à l'excédant de la terre des fossés, qu'il fera étendre avec soin, il arrivera à retrouver dans ces bouts de champs qui noyaient toujours, dans ces mauvais prés dont les laîches gâtaient tout le reste de son foin, les terres les meilleures de sa ferme.

J'ai usé de ce moyen, moi qui vous parle, principalement pour l'entretien de mes chemins. Je fais ramasser dans des terrains de pierrailles, par de vieilles femmes, des enfants (à 0,50 cent. le mètre cube), des pierres durcies au soleil, qui valent infiniment mieux que celles de carrière, et qui, se trouvant naturellement cassées, m'offrent donc un avantage immense en même temps que l'occasion de faire un peu de bien.

Le propriétaire peut, bien certainement, sans courir autant de risques que le fermier, s'adonner aux cultures qu'il faut surveiller de bien près, comme celle du tabac, etc., etc. Mais je ne le lui conseillerais jamais que dans le cas où le village qu'il habite lui fournirait toute la facilité possible, en fait de main-d'œuvre; et cependant, tout bien calculé, il ne pourra lutter, pour le bénéfice, avec le simple bourgeois du village, qui fait son ouvrage lui-même, aidé de ses enfants.

Si la facilité des communications le permet, c'est surtout au petit propriétaire que je conseillerai de ne faire que deux saisons. Pouvant faire plus de fumier à proportion que le fermier, il peut aussi étendre davantage la culture des plantes sarclées, qui lui sont d'ailleurs indispensables pour l'engraissement du bétail, s'il se livre à ce genre d'industrie ; et à cette occasion, je lui conseillerai toujours de les cultiver dans ses meilleures terres, car ce n'est que dans celles-là seulement, qu'il parviendra à pouvoir atténuer, d'une manière à peu près convenable, le tort énorme que la betterave et les pommes de terre causent à la reproduction du blé, surtout dans les terres qui manquent un peu de corps.

Mais rien ne l'empêche, dans ses versennes, de récolter des minettes, et surtout des trèfles, fourrages qui devraient être, à mon avis, la base de la nourriture des bœufs, s'il ne compte pas surtout, et il aura raison, sur la seconde coupe. Comme ces plantes fourragères, pour une seule récolte, ne semblent faire aucun tort au suc productif du blé, rien n'empêche de donner les cultures nécessaires, et avec une fumure convenable, il sera content de sa récolte. Vous parlerai-je des pois, des lentilles? selon moi, ils ruinent bien davantage la terre que le trèfle, à cause de la maturité de la plante; les pois surtout se récoltent trop tard pour pouvoir donner de bonnes cultures, et pouvoir approprier les terres, et vous risquez de perdre en beurre, ce que vous cherchez à récolter en fromage. Mais je vais vous confier un des buts de mes essais depuis quelques années, qui était de savoir si l'avoine pouvait nuire à la reproduction du blé. J'ai rantouillé trois ans de suite la même avoine dans les mêmes terres et sans intervalle de jachère j'ai fait semer du blé, qui par parenthèse, est devenu superbe. Vous pouvez donc remplacer dans les jachères, le trèfle par l'avoine printanière, entendons nous bien; et surtout par la géorgienne qui produit davantage et de paille et de grains, et qui devenant ordinairement très-forte, nuit par conséquent davantage que les autres au chiendent. La géorgienne, se récoltant en même temps que le blé, le petit cultivateur, s'il est bien monté, trouvera encore le temps de mettre ses terres en état. Mais il est une loi naturelle que j'engage tous les cultivateurs lorrains à ne point violer, c'est que si l'homme doit se reposer tous les sept jours, il faut que chaque six ans, sauf terrains exceptionnels, la terre se repose et que l'agriculteur en profite, pour la nettoyer et la soigner de son mieux.

Mais enfin, me direz-vous, à force de vouloir nous faire améliorer nos terres, si, comme cela est probable, le blé vient à rouler, quel avantage y trouverons-nous? Je vous répondrai tout d'abord que trois gerbes en valent toujours mieux qu'une, et je vous avouerai ensuite que votre question a fait le tourment de ma vie agricole. Et moi aussi, j'ai eu bon an, mal an, les deux tiers de mes récoltes roulés, ce qui ne m'a pas empêché, que pendant que l'on cherchait dans les blés étrangers le remède du mal, je pensais, moi, que la terre lorraine les regarderait toujours comme des intrus, et que tôt ou tard elle jouerait quelque tour qui mettrait les cultivateurs à deux doigts de leur ruine.

Hélas! je n'avais que trop bien deviné, et suivant mon système qui est d'améliorer les productions du pays et non de les changer, sans une certitude plus que certaine de réussite, je me suis creusé la tête pour trouver un moyen d'éviter ce malheur. Un jour que je me trouvais devant une magnifique corvée que le premier tourbillon de vent devait nécessairement jeter par terre, et qui pourtant n'était encore que ce que l'on appelle en herbe, l'idée me vint de bien me convaincre de la position de l'épi ; je fendis avec mon greffoir le haut de la tige, et je m'assurai que l'épi ne pouvait se trouver qu'entre le premier et le second nœud ; je résolus alors de faire supprimer la grande feuille retombante et le haut de la tige qui, selon moi, ne sert à rien alors qu'à faire coucher la plante, pour peu surtout qu'elle soit chargée d'eau, et, prenant deux de mes meilleurs faucheurs, je leur fis couper le jeune blé à vingt centimètres environ hors de terre dans tous les endroits où il menaçait de verser. Je restai continuellement avec eux pour avoir soin qu'ils n'allassent pas trop bas, et qu'ils ne fauchassent qu'où cela était nécessaire, car c'est un métier pénible que de toujours porter la faulx au bout des bras, et je craignais qu'ils ne la laissassent tomber un peu trop.

Ils achevèrent leur ouvrage à ma satisfaction, si ce n'est que, comme anciens serviteurs et n'étant pas convaincus par l'expérience du succès de mon idée, ils me demandèrent grâce pour ma plus belle pièce, et comme j'étais moi-même bien aise d'établir une comparaison, je l'abandonnai à son malheureux sort.

Voulez-vous savoir les résultats de mon essai? Les deux pièces fauchées m'ont produit plus de vingt-cinq sacs de cent kilogs l'hectare, et ma magnifique pièce qui n'a pas tardé à rouler, bien certainement, n'en a pas dépassé vingt.

Pourquoi? C'est que d'abord les premiers ne se sont pas couchés en herbe, étant déchargés du poids qui devait les entraîner, qu'ensuite la plante n'ayant plus à nourrir cette grande feuille qui absorbait une forte partie de sa sève, celle-ci s'est répartie naturellement, et dans le reste du tuyau qu'elle a, par conséquent, fortifié, et surtout dans l'épi qui, n'étant pas encore formé, s'est trouvé singulièrement augmenté par la sève supplémentaire; de sorte qu'à la récolte, s'ils étaient appuyés, c'était simplement parce qu'ils étaient tellement longs et bien fournis que la tige ne pouvait plus les supporter; et tout le mal que je vous souhaite, cultivateurs mes confrères, c'est de voir vos récoltes rouler de cette manière (1).

Enfin, propriétaires, si votre goût ou la gloriole de vos enfants vous entraîne à cul-

(7) J'ai fait, cette année, couper tous mes blés ainsi, surtout sur le dossal des champs, et je m'en suis admirablement trouvé.

tiver avec des chevaux, tâchez de vous procurer d'abord quelques bonnes juments et cherchez à élever quelques beaux poulains ; vous pouvez le faire plus facilement que le fermier, surtout s'il n'a pas de fils pour l'aider, parce que ces jeunes bêtes ne seront soignées que par votre famille, et que vous ne risquerez pas de les voir oubliées de temps en temps, ou maltraitées une seule fois, ce qui suffit souvent pour perdre en un instant le profit que vous pensiez obtenir de vos soins et de vos sacrifices. Mais si le petit cultivateur veut m'en croire, il s'en tiendra à ses bœufs, et il y aura certainement plus de bénéfice, car, avec la marche que je viens d'indiquer, on arrive à récolter nécessairement tant de paille, que je me vois obligé, bon gré, mal gré, d'en vendre tous les ans de douze à quinze mille, (ce qui doit sembler énorme, vu le peu de terre que je cultive) à tous ceux qui n'ont pas vu la quantité de gerbes que je récolte, et surtout la longueur de la paille. J'ajouterai aussi que, grâce à mes prairies artificielles, je puis disposer encore de presque tout mon foin de prairie, ce qui ne me serait pas possible, si je cultivais avec des chevaux ; sans compter que je cours infiniment moins de risques, et que mon fumier étant infiniment préférable, je ne puis qu'accroître mes récoltes, tandis qu'avec du fumier de cheval, je ne serais pas, à beaucoup près, aussi sûr de réussir.

De l'ouvrier de campagne.

Si le manœuvre a quelquefois besoin de vous, cultivateurs, je crois que vous avez encore plus besoin du manœuvre; les bras manquent malheureusement pour l'agriculture. Il est donc de votre intérêt d'empêcher autant que possible ces émigrations de la campagne vers les villes, et cela dépend beaucoup de votre bonne volonté; car enfin, avant tout, il faut que l'homme vive et si, à votre service, il ne peut élever sa famille, il ira demander aux fabriques et aux autres ressources de la ville, le morceau de pain qu'il ne pourrait trouver chez vous pour nourrir ses enfants. Il faut donc que vous l'aidiez pour qu'il vous aide, et de quelle manière pourrez-vous l'aider le plus efficacement? En cultivant surtout d'une manière convenable les faibles portions qu'il tire d'une commune, et les quelques champs qui lui viennent de l'héritage de ses parents ou du fruit de son travail et de ses privations.

Rien ne me semble plus injuste que celui qui veut que le manœuvre soit toujours à ses ordres, qui exige de lui un travail aussi parfait que possible, et qui, lorsqu'il s'agit de cultiver son champ, le fait à la hâte, d'une manière incomplète, et quelquefois y met tant de mauvaise volonté, que le pauvre diable ne peut pas profiter de sa récolte. Il est bien entendu qu'un fort cultivateur ne peut pas tous les jours déranger ses charrues au simple appel du campagnard, qui souvent aussi n'y met pas toute la délicatesse désirable; mais il faut au moins, s'il est obligé de cultiver pour les autres, qu'il s'arrange pour le faire d'une manière convenable, et sauvegarder tous les intérêts. Le manœuvre est moins payé généralement par son cultivateur que les autres ouvriers; il faut bien alors qu'il se récupère par de bonnes récoltes, ou, sans cela, les agronomes courent risque, comme je l'ai dit, de les voir émigrer, ou s'ils peuvent se réunir trois ou quatre, en attelant chacun une vache, parvenir à se passer ainsi du fermier pour leurs cultures, devenir les maîtres de la situation, et dans les moments d'embarras, qu'entraîne si souvent la grande culture, ne vouloir plus prêter leur concours qu'à des prix exorbitants.

La vraie sagesse pour l'agronome est donc en tout de se montrer raisonnable, d'exiger, bien entendu, de tous ceux qui le servent, l'activité et le soin dans le travail ; mais de son côté, de les aider autant que possible, de manière qu'ils puissent prospérer sous son patronage ; oh ! alors, les bras, quoi qu'on en dise, ne lui manqueront jamais quand les autres seront dans l'embarras, et il en retirera et honneur et profit.

Le grand mal pour l'ouvrier de campagne, c'est de ne pas être rétribué selon son mérite, mais selon une base établie et qui généralement varie peu ; il est vrai que les cultivateurs choisissent leurs manœuvres, et leur rendent bien des petits services quand ils en sont contents ; mais à tous ceux qui ne peuvent pas en faire autant, je conseillerai toujours de payer selon l'ouvrage fait et surtout bien fait. Des ouvriers à qui vous donnerez 1 fr., par exemple, par jour avec leur nourriture, vous travailleront à la diable, et, comme on dit, pour l'amour de Dieu. Un brave garçon, qui vous demandera 1 fr. 50, vous fera le double de besogne, et surtout dont vous serez content.

Ai-je besoin de faire un calcul pour vous prouver qu'outre la qualité de l'ouvrage, qui ne peut s'apprécier, il vous coûtera encore presque moitié moins que les fainéants, sans compter que vous ne serez point obligé d'être continuellement à surveiller, et que vous gagnez ainsi votre tranquillité, ce qui, selon moi, est immense.

Ne craignez donc pas de bien payer un bon ouvrier, vous ne vous en repentirez jamais; mais par contre, la paresse et la négligence sont toujours payées trop cher.

Politique du cultivateur.

En terminant ma première partie, quoiqu'il soit bien loin de ma pensée de vouloir faire de la politique, je dirai cependant que le campagnard a pour devise trois mots qui comprennent toutes ses craintes et ses espérances : l'Ordre, la Paix, l'Economie. L'Ordre d'abord, parce que sans ordre point de sécurité, point de transactions commerciales, et si le cultivateur ne peut vendre ni son grain ni son bétail, ou s'il est forcé de les céder à des prix comme on les a vus dans des temps de bouleversement, comment voulez-vous qu'il puisse venir à bout de faire face à toutes ses charges? La Paix, parce que la guerre entraîne d'abord toujours une panique dans le commerce, dont le cultivateur nécessairement souffre; qu'en second lieu, et c'est ce qui est pour lui plus pénible, car le campagnard a un cœur, et souvent un cœur bien placé, il sait que la guerre ne peut se faire qu'aux dépens des jours ou des membres de ses enfants, et comme la vie des champs est patriarcale avant tout, le départ des enfants est généralement plus pénible pour le père de famille campagnard que pour tout autre.

Qu'enfin le courage des habitants de la campagne, tenant essentiellement de la froide bravoure que l'on estime tant avec raison, ils se rappellent les maux que l'invasion étrangère a causés à notre pays; ils tremblent à la seule pensée de ces mauvais jours, et plaignent nécessairement de tout leur cœur leurs pauvres confrères étrangers, sur lesquels viennent fondre tous les fléaux de la guerre, et qui si souvent auraient réclamé le bon accord et le bien-être de la paix pour tous si on les avait consultés.

Enfin le cultivateur est assez fier de ses enfants, surtout quand il les sait commandés par des chefs qui ont fait leurs preuves, pour ne pas ajouter foi facilement à des attaques chimériques contre l'honneur français.

Il ne regarde donc dans une guerre que son utilité, et la repousse d'instinct, de toutes ses forces, sachant bien que, fût-elle glorieuse, il n'en retirera pour lui que des pleurs et des pertes, sans pouvoir même jouir (triste compensation) des *Te Deum* et des feux d'artifice, et que, si le malheur s'appesantissait sur nos armes, ce serait encore à lui que serait dévolue la plus grande part de douleur et de misère.

Voilà pourquoi le cultivateur redoute tant la guerre, à moins pourtant qu'elle ne soit vraiment nationale.

Mais à quoi bon dire jusqu'à quel point pourrait s'étendre l'héroïsme de son sacrifice, puisque nous sommes alliés du seul peuple contre lequel le cri de guerre pourrait surtout faire éclater, dans toute son étendue, le patriotisme des braves campagnards lorrains.

Enfin ce que le cultivateur calcule encore dans la guerre, c'est la dépense qu'elle entraîne, et ce qui l'effraie bien souvent dans la paix, c'est l'énorme quantité de places, dont son ignorance des rouages de l'Etat, lui montre les charges, sans pouvoir lui en faire comprendre la nécessité, et par conséquent l'utilité de beaucoup de traitements dont il ne peut pas venir à bout de se rendre un compte satisfaisant ; et lui, qui passe cinq jours de travail à ramasser cent sous, ne peut pas comprendre qu'on soit trop souvent obligé d'avoir l'air, selon son expression, de jeter de l'argent par les fenêtres, car, comme heureusement le luxe ne règne pas encore tout puissamment chez le vrai campagnard, il ne peut se faire une idée du besoin forcé où un gouvernement peut se trouver d'afficher et de faire afficher le luxe par ses mandataires, pour pouvoir faire vivre, dans les villes, tout le commerce qui en profite.

Donc, ce qui est facile à comprendre, tout gouvernement qui se rapprochera le plus du programme du campagnard pourra compter sur ses sympathies, et celui qui s'en éloignerait verrait bientôt tiédir son dévouement. On voit bien des symptômes qui indiquent un réveil bien marqué de la force de volonté chez les gens de campagne, et elle a maintenant un bien puissant motif pour vouloir être écoutée dans la grande famille ; c'est que, grâce à toutes les ventes en détail et à l'énergique économie des campagnards, ils possèdent maintenant les trois quarts des biens de culture en Lorraine, et qu'ainsi, outre la religion et la famille, ils peuvent ajouter à ces deux principes qu'ils ont toujours soutenus et défendus, un troisième mot qui fait toujours vibrer bien fort les fibres de tous les hommes : la Propriété, sans compter, que par leur nombre, ils pèsent réellement d'un grand poids dans la balance politique, et qu'il est impossible de ne pas reconnaître chez eux une tendance énergique à se faire regarder pour ce qu'ils valent.

DEUXIÈME PARTIE.

Du bail.

Un bail doit être l'objet de réflexions bien sérieuses et pour le fermier et pour le propriétaire, car c'est un contrat qui les lie, et dont dépend la sécurité de l'un et l'avenir de l'autre.

Comme on exagère tout dans ce monde, et que tout s'y fait malheureusement un peu à la légère, on veut prôner maintenant les baux de dix-huit à vingt-quatre ans. Je ne les conseillerai à personne.

Si les idées du propriétaire et du fermier ne sympathisent pas, c'est trop longtemps se trouver en contact avec des personnes que l'on n'aime ou que l'on n'estime pas.

Si l'on veut changer la destination de son bien, un bail trop long vous oppose un obstacle presque invincible.

Si les terres sont par trop ingrates et

qu'elles ne veulent pas répondre à tous les efforts que l'on peut faire pour les améliorer, le fermier voit avec désespoir les plus belles années de sa vie perdues en labeurs inutiles; enfin, si, grâce à la qualité des terres, le fermier s'enrichit, le propriétaire ne peut point, dans l'intervalle, jouir du droit juste et proportionnel que doit produire l'amélioration de sa propriété.

Les prôneurs de longs baux vous chanteront sur tous les tons qu'un fermier ne fera des sacrifices pour l'amélioration de la propriété que s'il est sûr d'en être couvert par un long usage; je vous soutiendrai, moi, qu'un fermier intelligent en fera tout autant pour un bail de douze ans que pour un de dix-huit, parce que c'est son intérêt de le faire, et qu'il sait bien qu'il sera largement payé dans douze années de profit de ses peines et de ses avances. D'ailleurs il espère toujours, s'il a un propriétaire raisonnable, pouvoir renouveler son bail, soit pour lui, soit pour un de ses enfants.

Je ne conseillerais donc à un propriétaire de faire un bail de longue durée que dans le cas où ce serait pour un bois défriché; vous forcerez alors ainsi le fermier à ne pas chercher à tirer en quelques années tout le suc de la terre, et il se trouvera, bon gré mal gré, obligé de l'entretenir convenablement s'il veut récolter jusqu'au bout.

Par là vous sauvegarderez votre ferme, que, sans cette précaution indispensable, l'on vous rendrait ruinée à fond.

Mais tout en prêchant ce que j'appelle la raison, n'allez pas tomber dans les excès contraires ; les baux trop courts n'ont jamais servi à personne, et le pourquoi est tellement simple que je me dispenserai de l'expliquer.

Ayant déjà parlé plus haut des cautionnements, je tâcherai de me répéter le moins possible ; j'ajouterai cependant qu'un bail bien fait doit aider raisonnablement un fermier sans nuire en rien aux intérêts du propriétaire. Prenez donc pour termes de paiements les dates les plus appropriées au genre de culture auquel le cultivateur compte le plus se livrer, et qui lui donne le plus d'avantages, pour la vente de ses produits ; tenez-vous en autant que possible aux conditions essentielles et ordinaires des baux, et ne cherchez pas à l'entraver dans ses travaux : un fermier trop gêné est un fermier perdu.

Quoiqu'il soit bien juste, et surtout pour

les personnes qui ont peu de fortune, de demander les paiements qui leur sont dus, aux époques fixées, je dirai aux propriétaires plus aisés que quelquefois, en attendant un mois ou deux un fermier dont ils sont sûrs, ils peuvent lui rendre un bien grand service, car le prix du blé ou du bétail peut augmenter considérablement dans l'espace de deux mois. Mais si un propriétaire peut concevoir le moindre doute sur la validité ou la conduite de son fermier, oh ! alors : charité bien ordonnée commençant par soi-même, on serait absurde de ne pas se mettre en règle. En tout cas, je ne conseillerai jamais à un propriétaire de laisser accumuler les canons : j'ai eu malheureusement, à ce sujet, trop souvent à me repentir de mon trop de bonne volonté pour ne pas donner ce conseil aux autres. Quittez à un fermier malheureux et méritant, si vous le pouvez, tout ou une partie de sa dette, et vous ferez une bonne action, mais n'accumulez jamais les canons. Enfin, pour terminer, ayez toujours vos comptes réglés sur des registres, tant pour le fermier que pour le maître : une feuille volante s'égare, et quand on est obligé d'en venir à des souvenirs ou à des tiers pour un règlement de compte, il n'y a rien qui puisse amener plus facilement du froid ou de la méfiance entre les parties.

De la ferme.

Le véritable progrès en agriculture, en dépit de toutes les théories et innovations que l'on proclame à tort et à travers, est, selon moi, de retirer de la terre le plus de produit avec le moins de frais possible. Il faut donc que le cultivateur ne s'adonne pas seulement à sa charrue et à ses champs, il faut aussi que son intelligence se porte à faire produire le plus possible à tout ce qui concerne l'agriculture, et qu'il arrive, par les soins qu'il doit donner à son bétail, à ne regarder la récolte du blé que comme la moitié de ses ressources. C'est encore ici de toute nécessité qu'il faut qu'il soit aidé par la fermière ; car si le mari doit s'occuper du gros bétail et des moutons, il faut aussi qu'elle surveille tout ce qui tombe dans sa juridiction. Si, par économie, elle est parvenue, tout en contentant ses gens, à pouvoir vendre un cochon ou deux, autant d'argent qui rentrera à la masse commune.

Ses œufs, ses poulets, ses canards, etc., doivent lui fournir une partie de ses marchés, si elle se trouve près des petites villes ou des bourgs, et à plus forte raison, si elle se trouve assez rapprochée de la métropole pour pouvoir y aller elle-même. Mais surtout ce qui doit être, pardonnez-moi l'expression, le boudoir d'une vraie fermière, c'est sa laiterie et sa cuisine, et que leur plus brillante décoration en soit la propreté.

Il faut que, voyant sa crème, on ait envie d'en manger ; il faut qu'on ne puisse résister à la tentation de son beurre, et alors qu'en arrivera-t-il? C'est que sa réputation sera bientôt établie, et elle vendra son laitage un quart plus cher que ses compagnes.

Mais pour pouvoir avoir un beau troupeau, des chevaux bien portants, des vaches bien entretenues, il faut nécessairement que le bétail soit bien logé. Par conséquent, en prenant une ferme, le vrai cultivateur doit s'occuper d'abord d'être sûr que son bétail sera établi bien au sec et que les écuries seront assez élevées et aérées pour entretenir la santé; cela est indispensable, surtout pour les moutons, dont nos cultivateurs font vider le fumier trop peu souvent. Il faut surtout que les écuries ne soient pas trop éloignées de l'habitation, car, encore une fois, le fermier doit surveiller tout ce qui se passe, et se montrer partout son premier grand garçon. Il est à désirer aussi que le logement du fermier soit convenable, et qu'il ait surtout une cuisine assez vaste pour contenir tout son monde qui vient y prendre ses repas.

De l'eau, dans une cuisine de ferme, est une chose presque indispensable, car il en faut plus qu'on ne pense dans un ménage bien dirigé.

Le fermier attache, et avec raison, une grande importance à ses engrangements et à ses greniers, et au plus ou moins de facilité qu'il peut avoir pour décharger et son foin et ses gerbes. Avec des engrangements commodes, il est entendu qu'il lui faut moins de personnel, que l'ouvrage va plus vite et fatigue moins les pauvres domestiques, harassés par le travail des fenaisons ou des moissons.

Quant au grenier à blé, s'il ne peut le conserver une fois battu, comment fera-t-il pour attendre le moment favorable de la vente? Cependant comme plus le cultivateur améliore ses champs, plus il aura de récolte; malgré la bonne volonté des propriétaires, il faudra bien qu'il finisse par apprendre à faire convenablement des meules, et si, parmi tant de professeurs qui s'occupent d'agriculture, il s'en trouvait un ou deux dans nos environs qui voulussent bien montrer comment on les fait *convenablement*, je lui prédirais beaucoup d'élèves.

Il est enfin très-urgent pour un fermier d'avoir un hallier assez vaste pour mettre à couvert son matériel. On ne sait pas ce que la pluie et l'ardeur du soleil peuvent faire perdre à un cultivateur dans une grande exploitation.

Il est inutile de dire à un fermier qui veut s'engager d'avoir soin de bien prendre connaissance des terres qu'il doit exploiter; il cherchera naturellement les plus grandes corvées, et surtout les communications les plus faciles. Pour les prés, ils sont d'autant plus avantageux qu'ils sont plus rapprochés, plus faciles à irriguer, et qu'ils peuvent jouir plus facilement des égouts de la ferme et des champs.

Un endroit convenable pour lâcher le jeune bétail n'est pas à dédaigner; un jardin assez vaste pour fournir largement des légumes à tout le monde de la ferme est de toute nécessité.

Mais ce à quoi un cultivateur doit faire bien attention aussi, c'est qu'il se trouve dans ses terres une vigne d'une contenance assez forte pour pouvoir abreuver tous ses gens. C'est une lourde charge pour un fermier, surtout en commençant, que d'être obligé d'acheter le vin : on le ménage alors quelquefois plus qu'on ne le voudrait, on mécontente les domestiques et les ouvriers, et l'ouvrage va à la diable.

Il est deux choses aussi auxquelles, à mon avis, on doit faire bien attention en louant une ferme, c'est d'abord le plus ou moins de proximité où elle peut se trouver des bourgs ou petites villes, et la facilité que l'on a d'y conduire les produits, quel avantage pour les marchés de la fermière, etc. La seconde chose dont il faut bien s'informer, c'est de la possibilité de pouvoir se procurer facilement des bras dans les environs pour les moissons. Un fermier qui ne peut compter sur tout ce qu'il lui faut de monde dans les moments pressés, se trouve souvent dans un rude embarras. Enfin, il faut bien se rappeler qu'il est extrêmement essentiel de se trouver à portée de bonne eau, pour pouvoir abreuver facilement et largement le bétail, et comme tout sert en agriculture, le fermier doit aussi sérieusement regarder à ne perdre que le moins possible, et le purin de son bétail et l'égout de ses fumiers : un des plus riches engrais quand il est convenablement employé.

La seule chose que je me permettrai de dire aux agronomes, mes confrères, qui en savent même peut-être plus que moi à propos des terres, c'est qu'une ferme composée de diverses espèces de terrains où l'on peut par conséquent aller à la charrue sans risques presque en tous temps, me semble avoir un grand avantage sur des terres qui seraient en grande partie délicates et qui forceraient surtout certaines années les cultivateurs à rester trop souvent les bras croisés, s'ils ne veulent pas risquer de compromettre terriblement leurs récoltes.

Des prairies artificielles.

On ne cultive généralement en Lorraine que quatre sortes de prairies artificielles : la luzerne, le sainfoin, le trèfle et la minette.

La luzerne a deux grands avantages sur ses compagnes : c'est qu'on la coupe ordinairement jusque quatre fois, et qu'elle semble la plus précoce d'elles toutes.

Sa première coupe, qui se fauche généralement en vert, est par cela même infiniment précieuse pour le bétail, et sa seconde coupe repoussant plus vite que celle des autres prairies artificielles, se trouve encore ainsi placée dans un moment extrêmement propice pour remplacer le trèfle qui devient trop dur pour nourrir en vert le bétail.

J'engage ici de tout mon pouvoir les cultivateurs à ne jamais donner soit de la luzerne, soit du trèfle frais au bétail, quel qu'il soit, sans le faire bien mélanger d'une assez forte quantité de paille ; il n'y aura point alors de transition trop subite, et la santé des animaux ne courra aucun risque.

La troisième et surtout la quatrième coupe de la luzerne étant presque toujours beaucoup moins fortes que les premières, ne peuvent guère compter que comme regain. On a généralement l'habitude, en Lorraine, de plâtrer les prairies artificielles au commencement du printemps; si l'on attend trop tard, on peut courir de grands risques en plâtrant des luzernes qui seraient trop poussées, surtout si la pluie ne vient pas les laver. J'ai connu plus d'une écurie détruite complétement, et après tous les renseignements pris, on ne pouvait guère attribuer ce malheur qu'à l'abus du fourrage en vert, plâtré beaucoup trop tard. J'ai dit que la luzerne devait être mangée généralement en vert, quoique rien n'empêche de pouvoir la faucher et la convertir en foin ; mais elle ne peut lutter avec le trèfle et la minette pour la nourriture des bœufs, et encore moins avec le sainfoin pour les chevaux.

La luzerne réussit généralement bien dans nos contrées ; elle ne se montre difficile que pour les terrains par trop légers ou les terres blanches, surtout si elles n'ont point assez d'écoulement. On craint aussi généralement de la semer dans les terres trop fortes ; mais je puis assurer par expérience, moi, qu'elle y vient admirablement et qu'elle y dure même plus que partout ailleurs. La grande difficulté est d'arriver à préparer assez bien ces rudes terres, pour que la semaille puisse s'y faire convenablement, car là comme ailleurs, si vous voulez obtenir une bonne luzerne, il faut que votre terrain soit bien en état et bien fumé. Avec ces précautions, vous verrez qu'elle roulera tous les ans. La luzerne craint surtout, ainsi que je l'ai déjà dit, les terres qui n'auraient pas l'écoulement nécessaire ; il faut n'en semer que dans les positions qui lui conviennent, si vous voulez qu'elle réussisse et surtout qu'elle dure.

Le sainfoin est bien certainement de toutes les prairies artificielles, je dirai même plus, de presque toutes les naturelles, la nourriture qui convient le mieux aux chevaux. Depuis quelques années, comme on en obtient presque toujours deux coupes, ce fourrage est par conséquent extrêmement essentiel pour un cultivateur, d'autant plus qu'il est infiniment moins délicat que la luzerne, et qu'il s'accommode de presque toutes les mauvaises terres. Il est donc de tout avantage à un cultivateur de semer des luzernes et des sainfoins, mais surtout au commencement d'un bail, car, outre leur produit, il se trouve momentanément débarrassé de soigner des terrains qui lui demanderaient le plus de fumier et qui lui rapporteraient le moins de grains, sans compter que les terres des prairies artificielles s'améliorant d'elles-mêmes, au bout de cinq ou six ans, en défrichant ces prairies, il peut compter, sans être obligé de fumer, sur plusieurs bonnes récoltes de suite, qui lui permettront de pouvoir disposer de tous ses engrais pour ses autres corvées, et lui assureront, par conséquent, un avantage immense. Selon moi, un bon fermier dont les semailles des prairies artificielles réussissent bien dans les premières années, est presque sûr de se tirer convenablement d'affaire dans le reste de son bail.

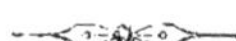

Du trèfle et de la minette.

Ces deux plantes se sèment aux mêmes époques, et étant annuelles toutes deux, ont entre elles beaucoup d'analogie, avec cette différence cependant que le trèfle en vert semble être voué, avec raison, à la nourriture des bœufs, et la minette à celle des moutons et des vaches. Elle se sème aussi souvent pour première pâture de ce genre d'animaux, qui s'en trouvent ordinairement fort bien. Comme foin, ces deux plantes font encore merveille pour la nourriture du cheval, pourvu surtout pour le trèfle, qu'on ne le prodigue pas trop, car il produit trop de sang et demande d'être alterné souvent, pour ne pas risquer la santé du bétail. Quant aux bœufs, je n'ai jamais pu remarquer qu'en leur en distribuant raisonnablement, soit en vert, soit en sec, pourvu toujours qu'il soit mélangé de paille, même en le donnant comme foin, il ait occasionné le moindre malaise. Il n'en est pas de même si le cultivateur lâchait, sans surveillance, ses bêtes à cornes et ses moutons dans de jeunes luzernes ou de jeunes trèfles, sans les faire bien surveiller ; la leçon qu'il recevrait alors en voyant enfler ses bêtes, serait malheureusement assez rude, pour qu'il ne fût point tenté de recommencer.

La semaille des prairies artificielles se fait au printemps. Quand on veut être sûr de réussir, il faut choisir le moment où la terre commence à se trouver en poussière, et, autant que possible, un jour ou deux avant la pluie.

Presque tous les cultivateurs lorrains vous diront que les prairies artificielles réussissent mieux dans l'orge que dans le blé, et dans ce dernier que dans l'avoine. J'avoue que moi j'ai réussi aussi bien dans l'un que dans l'autre, surtout pour le trèfle, sauf cependant le cas de roulage, où, naturellement, les jeunes plantes sont étouffées.

Il faut dire aussi que j'ai toujours pris plus de précautions pour la préparation des terres et la semaille des menues semences que les trois quarts de mes confrères.

J'ai l'habitude, et je m'en trouve bien, quand je dois donner trois cultures, d'en donner généralement une en travers, et je n'y manquerais jamais dans les terres sablonneuses, que je retourne ordinairement jusqu'à cinq fois dans une année, ce qui découpe et nivelle nécessairement infiniment mieux la terre et porte toujours le coup mortel au chiendent et *tutti quanti* d'intrus du même genre, et ce qui fait, selon moi, l'immense avantage des grandes pièces pour les cultivateurs, c'est de pouvoir plus facilement *labourer* et *herser en travers :* opération plus qu'essentielle, que négligent trop souvent nos agronomes, qui se contentent quelquefois d'un simple trait de herse et qui devraient savoir par expérience cependant, que ce dernier travail de la semaille est le plus essentiel de tous, car il égalise la semence, la recouvre convenablement, et ne laisse dans les champs que ces petites mottes qui, fondant aux gelées d'hiver et aux pluies du printemps, assurent les semences d'automne et préparent si convenablement celles des prairies artificielles au printemps.

La seconde précaution que je prends toujours pour la semaille des menues graines, c'est de les faire herser aussitôt, avec ce que j'appelle la haie d'épines, n'ayant pas trouvé de nom plus convenable à lui donner. J'établis sur deux traverses de la grosseur d'un bon manche à balai et de vingt-cinq centimètres plus longue l'une que l'autre, distancées de quatre-vingts centimètres, une haie d'épines blanches autant que possible, en ayant soin que chaque tige d'épine soit placée régulièrement l'une près de l'autre, et qu'elles forment une haie complète, dont l'extrémité inférieure soit bien égalisée à quinze centimètres environ de ma première traverse, et que les tiges se développant naturellement par le haut, forment une véritable haie d'un mètre cinquante à peu près par le bas, et de deux mètres cinquante de développement, sur une hauteur de deux mètres trente environ. Pour consolider le tout, je mets une seconde traverse de même grosseur en bas de la haie et à la même hauteur que la première, en les serrant le mieux possible l'une contre l'autre, j'empêche ainsi tout dérangement dans le bout des épines. Je fais de même pour la seconde traverse, en ayant soin d'y mettre cette fois par-dessus un rondin assez pesant pour forcer les épines à s'appuyer le plus possible sur terre. J'obtiens ainsi une herse à mille dents, et en prenant soin de placer le palonnier au-dessous de la haie et de reculer le porte-traits de l'animal qui doit la traîner, afin de soulever toujours le gros bout des épines, je herse de cette manière les blés où j'ai semé mes trèfles, minettes, etc., et je fais trois bonnes opérations : je donne d'abord une excellente culture et n'arrache pas le grain, je déracine toutes les mauvaises herbes qui commencent seulement à se montrer et qui ne peuvent résister aux épines, et je suis sûr de recouvrir toutes mes menues semences de ce qu'il leur faut juste de terre pour être certain de leur développement.

Une haie bien faite que l'on peut d'ailleurs retourner en changeant le rondin, suffit pour la semaille de vingt hectares ; elle coûte environ cinquante centimes, et on peut ensuite l'employer comme barrière ou comme chauffage à son gré. Dans les avoines et les orges, après les avoir fait herser avec soin une fois avec des herses de fer, je sème mes menus grains, je les fais herser une seconde fois, mais en travers autant que possible, avec une herse de bois légère et dont les dents doivent être plus rapprochées que d'habitude pour faire moins de manques. Je m'en suis toujours fort bien trouvé. Mais j'ajouterai encore que l'on doit avoir soin d'atteler soit à la *haie,* soit à la herse de bois, la bête la moins lourde possible ; je n'ai pas besoin d'expliquer pourquoi.

Des plantes sarclées.

La pomme de terre est bien certainement un des plus grands dons que la bonté de Dieu ait fait aux pauvres gens ; sans elle, combien y aurait-il de misères sur la terre, dans les villes et dans les campagnes. Cultivons donc la pomme de terre, et par utilité, je dirai presque par devoir.

Mais cependant, en tout il ne faut pas exagérer les choses, et quoique la pomme de terre soit indispensable et pour les gens et pour le bétail, comme elle a le triste privilége de ruiner énormément la terre, sa culture exagérée dans notre province, où nous sommes loin de rivaliser, pour la qualité du territoire, avec d'autres parties de la France, amèneraient forcément une perte considérable, et pour le blé et pour la paille, et comme cette dernière est de toute nécessité pour la formation du véritable engrais, on en arriverait, après un certain laps de temps, pour les fermes comme pour les bois défrichés dont on a tiré toute la quintessence, à les avoir complètement ruinées. Il faut donc, selon moi, user aussi largement que possible de la culture de la pomme de terre, mais ne pas en abuser, et ce que je dis pour elle s'entend en général pour toutes les plantes sarclées qui peuvent présenter le même inconvénient. Voyons donc avec autant de bon sens que possible, jusqu'où doit s'étendre, pour un agronome, la culture des plantes sarclées. Je parle pour les fermiers en général, entendons-nous bien, et non pour ceux qui, par la proximité des villes, peuvent profiter des bouages et d'autres avantages immenses qui doivent leur faire changer le mode ordinaire de culture indispensable à ceux qui ne sont point dans les mêmes facilités, et qui se trouvent en définitive, l'immense majorité. Je profite de l'occasion pour prier qu'on veuille bien se rappeler que j'écris pour l'agriculture lorraine en général, et non pour quelques positions particulières et exceptionnelles, qui doivent nécessairement avoir un genre de culture qui leur soit tout à fait approprié.

Les pommes de terre doivent, selon moi, servir pour le fermier comme pour le petit propriétaire, aux besoins de sa cuisine et à l'engraissement de son bétail, et le moins possible, sauf cas de maladie, à l'entretien de ses bestiaux, s'il veut ne pas ruiner ses terres. Je fais cependant un cas exceptionnel pour la lisette; je l'ai toujours vu employer, et je l'ai employée moi-même avec le plus grand avantage, comme supplément au fourrage pour les bêtes à cornes, à condition qu'elle ne soit point prodiguée, et que si l'on donne deux lèches par jour, soit aux vaches, soit aux bœufs, on ait alors soin de les mélanger avec du son, des menues pailles ou de la paille hachée, que l'on fera bien de saupoudrer d'un peu de sel. Les bêtes s'en porteront mieux, et le fumier sera véritablement meilleur; mais si l'on cherche à faire donner du lait aux vaches, en leur fournissant une excellente nourriture, au lieu de betteraves, donnez-leur des carottes, et, vous vous en trouverez bien.

Je ne dois point ici oublier le topinambour, plante qui produit énormément dans les bonnes terres, et qui donne encore assez raisonnablement dans les mauvaises, surtout dans les sables arides, pour devoir être, selon moi, cultivée sérieusement par tous ceux qui ont du bétail, malgré la difficulté de le détruire parce qu'il repousse encore pis que le chiendent. Quoique cette plante ne vaille pas bien certainement comme nourriture, la pomme de terre, cependant l'avantage qu'elle a de pouvoir être donnée sans être cuite, et surtout l'avantage plus grand encore de ne la récolter qu'après l'hiver, en fait une ressource véritablement précieuse, et que l'agronome néglige le moins possible, surtout dans cette saison de l'année, pour les moutons dont les mères ont des petits à allaiter et presque point de pâturage.

Mais, pour terminer mon article, j'engagerai de tout mon pouvoir les cultivateurs à céder des terres de pommes de terre à moitié ou en argent, à tous les bons faucilleurs qui l'aideront dans sa maison : d'abord, par là, il sera plus tranquille sur sa récolte, et il retirera encore de ses terres, surtout s'il peut bien les soigner et les entretenir ; un produit en blé moins riche bien entendu sauf terres exceptionnelles, mais qui cependant, grâce aux 30 francs qu'on lui payera par 20 ares, ou aux sacs de légumes provenant de sa moitié, le récompenseront encore convenablement de son obligeance. Il y gagnera donc d'abord d'avoir fait une véritable charité, et ensuite, ce qui n'est pas un médiocre avantage, de se voir tranquille au moment des récoltes, quand ses voisins seront bien embarrassés. Il est bien entendu que si les fameuses espèces de pommes de terre, que l'on nous annonce tous les jours, venaient à entrer enfin dans le domaine de l'agriculture, cela devrait amener une modification à leur culture, proportionnelle au bien qu'elle pourrait produire ; mais malheureusement, en dépit des plus belles promesses, personne ne voit jamais rien venir.

Je ne parlerai point de ce qui est nécessaire pour l'engrais des porcs : tous les habitants de la campagne savent à quoi s'en tenir à ce sujet au moins aussi bien que moi ; seulement je leur conseillerai de donner toujours, surtout l'hiver, la nourriture aigrie et à une température douce.

J'engagerai toujours le cultivateur à planter la pomme de terre, la carotte, la lisette, dans les meilleures terres de sa ferme : d'abord il en obtiendra une beaucoup plus grande quantité, ensuite il réparera plus facilement le tort que feront les plantes sarclées. Enfin si la betterave est plus propre pour le nettoyage des terres, surtout dans les sables, la pomme de terre offre cet avantage bien précieux pour la semaille, de s'arracher trois semaines avant elle.

Du drainage.

C'est une belle et bonne apparition, qui a pris de nos jours une grande extension, que le drainage en tuyaux ; cependant il est juste de dire qu'il était pratiqué, il y a nombre et nombre d'années, par nos pères, mais d'une manière plus primitive. Il y a donc deux espèces de drainages ordinaires : les tuyaux et les canaux et tranchées remplis de pierrailles. Les tuyaux assainissent presque toujours momentanément une propriété, mais il ne faut pas compter sur la trop longue durée de l'opération. Règle générale, au bout d'un temps plus ou moins long, suivant la nature et la pente du sol, les gouttis ou les sources finissent par surgir, et il faut, bon gré mal gré, relever les tuyaux, les nettoyer et recommencer, en un mot, l'opération. Les canaux ou les simples jetées de pierre de nos pères, qui coûtent, si on ne les a pas à proximité, infiniment plus cher, ont aussi l'énorme avantage d'être pour la vie et de pouvoir faire relever et niveler le terrain. Tout bien calculé, je crois, quand cela est possible, qu'un véritable agronome donnera encore la préférence à l'ancien drainage.

Cependant, j'engagerai toujours un cultivateur qui prend une ferme pour douze ans, puisque c'est mon nombre favori, de mettre pour condition d'être aidé par son propriétaire, pour assainir par des tuyaux, s'il ne peut raisonnablement faire autrement, les terres qui ont véritablement besoin de l'être; et je l'engagerais même, en cas de refus, de le faire par lui-même, s'il en a les moyens. Les tuyaux se bouchent rarement avant douze ans, et les terres ainsi assainies lui rapporteront sûrement plus de 100 et de 100 pour cent de la valeur de son sacrifice.

Mais ce qui fait qu'en général on a peur et avec raison d'entreprendre un drainage à cause de la trop grande dépense qu'il occasionne, c'est qu'on a la folie, je suis assez poli pour ne pas dire l'absurdité, de confier presque toujours la direction des travaux à des individus qui n'ont pas la première notion de l'agriculture et qui souvent surtout ont tout intérêt à augmenter autant que possible le nombre de mètres de tuyaux. Certes! je suis loin de nier que certains géomètres, chargés de calculer les pentes et de tâcher d'arriver au meilleur résultat possible, ne mettent réellement, à leur travail, la meilleure volonté pour arriver à l'assainissement des propriétés qui leur sont confiées; mais, ils ne peuvent, malgré tout leur bon vouloir, lutter avec la connaissance pratique du cultivateur qui a gémi si souvent des gouttis qui lui enlevaient tout ou partie de sa récolte. C'est lui seul qui a ruminé, pendant nombre d'années, les moyens de sauvegarder la propriété dont il ne peut tirer aucun parti; pourquoi, malheureusement, ne lui donne-t-on pas assez souvent voix en chapitre, quand il s'agit de ses propres intérêts. Le géomètre toujours vous établira un plan qui ne varie guère dans chaque localité. C'est presque toujours un grand nombre de mètres de tranchées et de mètres de tuyaux correspondant à un ou plusieurs tuyaux principaux chargés d'écouler tous les tuyaux secondaires.

Avec cette méthode, bon gré mal gré, on

est forcé de parvenir, je ne dis pas à assainir pour longtemps le terrain ; mais d'arriver au moins à obtenir un résultat de quelques années, et à modifier la place des gouttis, quand trop souvent on n'a pu les détruire.

Le cultivateur, au contraire, surtout quand on aura soin de lui faire supporter une partie des frais des travaux dont il retirera tout l'avantage, cherchera naturellement, surtout au commencement d'un long bail, à sauvegarder le mieux possible le terrain et aussi à ménager la dépense puisqu'il devra en payer une partie.

Combien de fois n'ai-je pas entendu des cultivateurs se plaindre hautement des frais plus qu'inutiles qu'un entrepreneur causait dans une corvée à son propriétaire dont, par parenthèse, il était obligé de payer les rentes, et qui, absorbant dans une seule pièce, toute la somme qui devait être mise au drainage de la ferme, empêchait l'assainissement de plusieurs autres pièces qui auraient dû aussi se trouver sauvegardées

J'ai regardé de bien près les drainages faits par les cultivateurs, ils sont loin d'être aussi réguliers que ceux des géomètres ; mais ils ont sur ceux-ci cet avantage incalculable, c'est qu'ils sont toujours faits d'après la connaissance des lieux, que par conséquent il n'y a aucune tranchée inutile, et que les principales sont presque toujours soignées de telle sorte, que de longtemps on n'aura plus à y retoucher ; car il ne faut pas être bien savant, pour pouvoir faire établir régulièrement une pente.

Pourquoi donc les propriétaires, encore une fois, n'opposent-ils pas la pratique à la théorie ? Pourquoi ne chargent-ils pas leurs fermiers intelligents d'un ouvrage dont ils tireraient meilleur parti que qui ce puisse être? Pourquoi les cultivateurs, qui doivent en tirer tous le bénéfice, ne seraient-ils pas responsables de l'exécution? Et enfin, pourquoi dans une opération, toute d'intérêts agricoles, ne pas se servir d'un géomètre pour vérifier simplement, quand on ne peut le faire soi-même, si un fermier n'aurait pas abusé de la confiance de son propriétaire.

De l'influence d'un juge de paix et du curé sur les habitants des campagnes.

Je n'ai encore malheureusement jamais vu se rendre bien compte, dans les classes les plus élevées de la société, du poids énorme que le Juge de paix pèse dans la balance agricole. Je ne parlerai pas de quelques anticipations par-ci, de quelques dommages par-là, commis par le bétail ; les cultivateurs raisonnables commencent à s'entendre bien souvent entre eux et désignent les plus honnêtes et les plus habiles de leurs confrères pour les mettre d'accord sans frais, ce que je leur conseillerai toujours de faire autant que possible, eussent-ils même dans leur canton un magistrat sage et prudent, et je suis persuadé que c'est le plus grand nombre. On les forcera toujours en justice à finir, *avec nécessairement des frais*, par où ils auraient dû commencer, à l'amiable et sans perdre leur temps.

Mais où la sagesse du juge de paix doit surtout se montrer, où sa décision aide ou tue l'agriculture, c'est dans les rapports et les devoirs d'un maître vis-à-vis de ses domestiques, et *vice versâ*. Il dépend presque toujours du magistrat du canton de retenir les domestiques dans leurs devoirs, et d'empêcher les maîtres de vouloir ce qui doit s'appeler exploiter les hommes. Effectivement, si les domestiques se sentaient trop soutenus, il y en a dont la délicatesse ne balancerait pas à planter là le fermier dans les moments où il serait le plus pressé, après avoir mangé son pain tout l'hiver, pour l'appât de quelques écus de plus qu'ils espéreraient gagner ailleurs, pendant la fenaison ou la moisson.

Si, d'un autre côté, les fermiers ne craignaient point assez la fermeté du juge, combien y en aurait-il qui, sous le moindre prétexte, après les semailles, renverraient des serviteurs qui leur semblaient pourtant bien utiles dans la moisson, et qui se trouveraient ainsi dans l'impossibilité de gagner convenablement leur vie.

Il faut donc que ce soit le bon sens du juge de paix, et la connaissance qu'il acquiert bientôt de ses administrés, qui empêchent le mal et rendent justice à tous. Quand on estime et que l'on craint un peu son juge, il n'y a pas de danger, dans les campagnes, qu'on vienne à tort se frotter à son tribunal; mais si, malheureusement, on a la moindre espérance de pouvoir l'influencer d'une manière quelconque, son audience sera toujours pleine, et l'agriculture, bien certainement, en pâtira; car si un fermier ne peut pas compter sur son monde, comment diable voulez-vous qu'il puisse se tirer d'affaire ?

Après avoir parlé du magistrat et de la loi, permettez-moi de dire deux mots du prêtre de campagne.

Les pasteurs de campagne manquent quelquefois leur but; mais, je l'avoue, c'est presque toujours par trop de zèle. Ministres du Seigneur, ils sont trop souvent tentés d'en parler le plus longuement possible, espérant, par là, ramener les brebis égarées; mais je crois que souvent cela produit l'effet contraire.

Si Notre Seigneur, qui était si bon, revenait sur la terre, combien de fois donnerait-il congé à ces pauvres gens, qui ont eu tant de mal dans la semaine, dès qu'il aurait reconnu leur bonne volonté en les voyant venir l'adorer.

Je crois sérieusement que la trop grande longueur des offices, surtout dans les rigoureux froids d'hiver et les accablantes chaleurs d'été, chasse plus de chrétiens des églises de campagne qu'elle n'en ramène, et que quelques paroles claires, simples, bien dites, si c'est possible, et appropriées à l'intelligence de l'auditoire, feraient beaucoup plus d'effet que les sermons que les bons curés se donnent tant de peine à préparer, et qui ne peuvent jamais être appréciés à leur valeur par les paroissiens.

Notre Saint-Père le Pape prêche, dit-on, par l'exemple ce que je viens de dire, et n'en est pas moins, bien au contraire, estimé et vénéré.

Une chose que je demanderais aussi pour mes protégés, c'est d'être grondés le moins possible quand ils se trouvent dans le temple de la miséricorde. Ils ont bien assez, les pauvres diables, d'être en butte toute la semaine aux remontrances du maître, pour ne chercher dans la maison du bon Dieu que des paroles d'encouragement, dont ils ont si besoin.

Je ne veux pas dire par là que j'engagerais le prêtre à tolérer le vice, oh! c'est bien loin de ma pensée, ce serait agir contre son devoir; mais je le prie cependant de ne pas oublier qu'on attrape plus de mouches avec du miel qu'avec du vinaigre, et que s'il était possible au bon Dieu de pécher, ce serait, tout le monde en est sûr, par un excès de bonté, et c'est pour cela qu'on l'aime tant.

Pour être juste, il faut avouer cependant que quand un bon curé sent tout le mal que les cafés et cabarets font à la jeunesse, qu'il regarde comme ses enfants, il doit se sentir naturellement porté à leur en développer tous les inconvénients peut-être plus longuement qu'il ne le voudrait, si ce chapitre là ne lui tenait pas tant au cœur : heureux s'il lui est possible de faire comprendre que les véritables plaisirs sont ceux qui ne causent pas de regrets, et où on est sûr de ne pas perdre sa santé, sa réputation, son avenir, et enfin son argent si péniblement gagné et qu'on regrettera tant plus tard. Mais je crois, quoi qu'on en dise, que la foi est encore facile à ranimer dans les campagnes. Qu'un bon curé prêche à ses paroissiens le Dieu de l'étable de Bethléhem et le Dieu du Calvaire, il trouvera bien peu de récalcitrants. Qu'il s'en tienne, pour ses sermons, aux préceptes du divin Maître aussi paternellement que Jésus le faisait. Que sa morale soit conciliante et aussi intelligible pour tous que sublime dans sa simplicité ; qu'il ait soin, encore une fois, que ses instructions soient aussi courtes que bonnes, et je pourrais garantir qu'il y a bien peu de communes en Lorraine qui resteraient sourdes à l'appel d'un pasteur intelligent et charitable, parce qu'il n'y a pas, et qu'il ne peut pas y avoir dans nos campagnes ce que l'on appelle un véritable athée et que tous les sentiments religieux se réchauffent bien vite quand on sait les réveiller.

Il y a encore un grand service que le Juge de paix, peut rendre à l'agriculture, c'est d'arriver à forcer chacun au respect qu'on doit avoir pour le bien d'autrui.

La loi qui a sanctionné le droit de propriété par la possession annale, tout en ayant son bon côté, a malheureusement ouvert un champ trop libre à la cupidité.

Pour remédier à ce que les lois humaines ont toujours nécessairement de défectueux, bien des honnêtes gens n'ont pas trouvé de meilleur moyen, pour sauvegarder leurs biens, que l'abornement qui en atteste la limite.

Mais à quoi peut servir la dépense que coûte naturellement le travail d'un géomètre, si les bornes qu'il a plantées, ne sont pas respectées?

Combien de fois, le Juge de paix, pour terminer des discordes sans fin, n'a-t-il pas conseillé ou ordonné lui-même l'abornement, comme le seul moyen de pouvoir faire vivre tranquilles deux voisins qui se chicanent.

Mais encore une fois, à quoi peuvent servir, et l'abornement amiable, et l'abornement judiciaire, si l'on ne respecte pas les bornes?

Si le Magistrat de paix veut arriver à faire respecter le bien d'autrui dans son canton, il faut donc qu'il protége les bornes. Ces pauvres pierres, elles seules, ne peuvent pas se défendre ; il faut y attacher une valeur, un prestige que nul n'ose braver.

Certes ! on sait qu'un garçon de charrue maladroit, peut arracher une borne, mais alors, en honnête homme, le fermier ou le propriétaire doit en avertir immédiatement son voisin ; dans ce cas, il est pardonnable, comme on doit pardonner toujours, quand il n'y a pas de mauvaise volonté et qu'on répare le mieux qu'il est possible, le tort qu'on a pu faire.

Mais, quand le mauvais vouloir est évident, quand on vient briser plusieurs bornes de suite, ou à des époques trop rapprochées ; quand il est clair que cette atteinte portée à la propriété, n'a eu d'autre but qu'une anticipation plus ou moins grave du terrain d'autrui, c'est alors que je voudrais que MM. les Juges de paix se montrassent justes, c'est-à-dire sévères ; car, c'est la seule manière de faire appliquer cette sublime maxime de l'Evangile :

Le bien d'autrui tu ne prendras ni retiendras à ton escient.

Du cheval, du bœuf et de la vache.

Si l'agronome ne cherche point à être fier de son bétail, ce n'est point un véritable cultivateur, car point de bétail, point de culture, point de récoltes, point de ferme. La chose la plus essentielle pour un agriculteur doit donc être ses bestiaux ; mais je crois qu'il est utile, pour pouvoir en parler d'une manière convenable, de les séparer en deux parties : le bétail du train proprement dit, et le bétail pour vendre.

Le véritable cultivateur tient, avant tout, pour ses labours et ses charrois, à être, ce que l'on appelle en terme technique, bien accroché, c'est-à-dire, qu'il cherche autant que possible à cultiver avec des bidets durs au travail, de bon appétit et de bon entretien, ni néreux, ni délicats, claquant à faire plaisir tout le fourrage du pays, et surtout étant toujours prêts à n'entendre jamais deux fois *hue* pour tout arracher, s'ils sont dans un mauvais pas.

Hélas ! cette bonne race de chevaux est à peu près perdue. La mode, la rage de l'innovation a tué, comme elle fait presque partout, notre race lorraine, dont nous avait dotés notre duc Charles V et que la reconnaissance des Lorrains a toujours attribuée au bon roi Stanislas, qui l'a réellement propagée et que les cultivateurs regrettent tant aujourd'hui. Ils péchaient par la taille, j'en conviens, mais à quoi sert la taille des chevaux que nous avons aujourd'hui?

Si les girafes sont obligées de s'incliner devant les poneys, à quoi bon tant chercher les girafes?

Je ne me suis pas contenté de mes véritables études, avec les gens les plus compétents, pour ce que je vais dire, j'ai demandé l'avis de plus âgés que moi, au bon sens et à l'expérience desquels j'ai toute confiance ; j'ai interrogé plus d'un marchand de bétail, de père en fils, et nous sommes tous tombés d'accord que la qualité du cheval diminue de jour en jour en Lorraine, et que le malheur en vient d'un trop grand mélange de sang et de race qui ne pouvaient jamais sympathiser et, par conséquent, réussir.

Ce qui a entraîné nos cultivateurs dans cette voie, que j'appelle funeste, c'est la difficulté de vendre leurs produits, qui ne pouvaient atteindre la taille, que la *mode* prescrivait d'une manière à peu près absolue.

En cherchant à tirer un meilleur profit de leurs élevages, ils ont été entraînés à se lancer dans les étalons étrangers, et ils sont parvenus, au bout du compte, à ne rien avoir du tout. Des jambes peut-être trop fines, deux fois longues comme le corps, un cou qui n'en finit pas, aboutissant à une tête assez légère.

Voilà pourtant où bon nombre de nos cultivateurs en sont réduits.

Il y a plus de danger qu'un attelage brise ses traits en route, tout danse, tout rue, mais quant à prendre franchement, c'était bon pour les chevaux de la race ducale.

J'ai tout lieu de croire que l'on cherche maintenant à revenir aux principes, dont on n'aurait pas dû s'écarter ; ainsi, on prime les meilleurs étalons élevés dans le pays, et avant peu de temps, les cultivateurs seront chargés de tous les entiers. Or, comme avec leur expérience, ils cherchent à n'avoir chez eux et à n'entretenir que des chevaux qui pourront donner de bons produits, on atténuera ainsi le mal, mais il faudra bien des années avant qu'il soit réparé, si l'on y arrive jamais.

Il faut aux chevaux de telle conformation tel fourrage et tel climat : cherchez donc avant tout, des bêtes assez solidement conformées pour s'accommoder, elles et leurs enfants, des fourrages de Lorraine, qui malheureusement ne sont pas généralement de première qualité. Tâchez surtout que cette race à refaire puisse servir pour la ville comme pour les travaux de la campagne ; par conséquent, cherchez d'abord les qualités essentielles.

L'extérieur et la taille peuvent se gagner peu à peu, mais jamais vous ne parviendrez à faire des éleveurs des cultivateurs sérieux, s'ils ne sont pas sûrs de pouvoir se servir utilement de leurs poulains, dans le cas où ils ne trouveraient pas à les vendre.

Ils ont été (pour beaucoup du moins) trop bien pris pour ne pas aller sagement maintenant, ce que je leur conseille de tout mon pouvoir. Les élevages des cultivateurs de ces pays-ci n'atteindront jamais un grand prix ; les fourrages de Lorraine et le manque de liberté ne permettent pas *généralement* d'arriver à une très grande perfection ; d'un autre côté, et c'est là cependant le point essentiel, tous les amateurs d'attelage, qui crient si fort, cherchent à payer infiniment moins bien. Quinze cents francs, maintenant semblent énormes pour une paire de chevaux ; pensez-vous qu'un fermier puisse devenir millionnaire à des prix comme ceux-là, surtout s'il ne peut faire servir à son usage les poulains de rebut, qui forment à peu près la moitié de l'élevage. J'ai beaucoup vu élever, j'ai voulu élever moi-même, mais j'en ai eu bientôt assez. Savez-vous tout ce que coûte un cheval de quatre ans à un cultivateur, et dont il ne peut guère espérer plus de 750 francs?

Il faut d'abord qu'il se procure une ou plusieurs belles juments, dont le prix ira au moins de cinq à six cents francs, et qui s'usent bien vite, surtout si on ne les ménage pas pour le travail ; si elle est pleine, il faut que la nourriture soit augmentée et que le travail diminue encore. J'étais d'accord avec des praticiens pour dire que le poulain coûtait 100 francs avant de venir au monde : vous risquez ensuite, lorsqu'il arrive de perdre la jument, et si vous ne la ménagez pas l'année suivante, le lait s'échauffera, le poulain pâtira. Enfin, pendant trois longues années, il faut nécessairement bien nourrir ces jeunes bêtes à ne rien faire; et, ce qui arrive souvent, en commençant à les atteler, elles font plus de mal que de bien. On est obligé de leur donner une écurie avec des compartiments séparés, et, autant que possible, un enclos où elles doivent pouvoir courir en toute liberté. Il faut que les jeunes poulains soient les mieux pansés de toute l'écurie ; et quand un cultivateur a un certain nombre d'élèves, il ne peut pas les laisser, même à la maison, sans les faire surveiller par un homme raisonnable. Si vous voulez calculer maintenant que, sur cinq poulains, quatre environ parviendront à quatre ans, et que l'on ne peut tirer aucun parti de ceux qui meurent, même par accident, veuillez me dire quel encouragement pécuniaire un fermier tire de ses élévages, car le poulain ne lui rapporte pas réellement 750 fr. comme nous l'avons dit ; il n'y en a que deux sur quatre qui arrivent à ce taux; le rebut, je serai bien large en le comptant à moitié, et puisque le cultivateur court pour eux les mêmes risques que pour les autres, la paire de chevaux ne doit donc être seulement cotée, pour l'éleveur, qu'au prix de 1,125 francs.

Où serait maintenant le bénéfice, s'il vous

plaît, surtout si le fermier n'avait pas la certitude de faire de ses poulains de rebut de bons bidets de culture.

Il faut donc, en élevant, qu'un agronome réfléchisse à deux fois et qu'il choisisse ses étalons à bonne enseigne. Si le Gouvernement cherche, comme tout l'indique, à réparer le mal, qu'il tâche de multiplier, autant que possible, les étalons appropriés à notre pays, qui, étant moins fatigués, nous donneront des poulains déjà mieux établis; que l'on cherche ensuite, par tous les moyens possibles, à déraciner de la tête de nos cultivateurs la malheureuse manie de faire travailler ces pauvres bêtes à deux ans; si l'on pouvait gagner, à force de récompenses, médailles, etc., une année seulement, le pli finirait par en être pris, et comme c'est dans l'âge où le poulain se dévoloppe le plus, vous auriez, à cinq ans, des chevaux mieux établis et des juments plus convenables, qui donneraient forcément des élèves de mieux en mieux conformés, et, en continuant ce système bien simple pendant un certain laps de temps, vous arriveriez, je crois, à le voir résolu en Lorraine d'une manière aussi complète qu'il est possible de l'espérer. J'ai l'intime conviction que si l'on avait tout bonnement cherché à améliorer progressivement notre ancienne bonne race lorraine on aurait infiniment mieux réussi qu'en cherchant à aller trop vite, par des croisements impossibles, et qui nous ont amenés où nous en sommes.

A-t-on plus d'avantage à élever une jeune bête à cornes qu'un poulain ? Il n'y a pas un cultivateur qui n'en sache autant que moi sur ce sujet, et d'après ce que j'ai exposé plus haut, chacun peut se convaincre que la différence est énorme au profit du bœuf ou de la génisse, et comme les risques, en cas d'accidents, sont infiniment moins graves, je crois que je n'ai pas besoin de m'appesantir davantage sur cette question.

Mais puisque nous parlons du bœuf, cherchons un peu pourquoi les cultivateurs se montrent si fortement opposés aux soi-disant améliorations qu'on a voulu encore trop apporter dans la race bovine de notre pays, amélioration contre laquelle nos gens de campagne se regimbent et se regimberont, j'espère, toujours. On leur crie sur tous les tons : de la viande de boucherie et grande quantité de lait ; ils répondent eux : bœufs de travail et bonnes vaches à la crème. Qu'en Normandie on élève des colosses, on a raison, mais chez nous on aurait tort ; qu'à la porte de Nancy on cherche des greniers à fourrage qui fournissent des masses de lait, cela se comprend, puisqu'on est sûr d'en tirer un magnifique bénéfice ; mais toutes les fermes ne sont pas à la porte de Nancy, et dans celles qui sont reculées, le jeu ne vaudrait pas, je crois, la chandelle. Nos vaches de pays donnent aussi très-passablement de lait, beaucoup plus crémeux, en général, que celui des grandes laitières, et les fermières faisant infiniment plus de profit du beurre que du lait, qu'elles ne pourraient vendre, il est tout naturel qu'elles s'en tiennent aux vaches qui leur rapportent le plus, surtout parce qu'elles mangent moitié moins, et que, par conséquent, on peut en avoir le double.

Le bœuf de boucherie, lourd, bas sur pattes, ce qui le rend très-lent, demande une conformation tout opposée à celui de labour, qui doit être aussi léger que possible, par conséquent haut sur pattes et conformé pour le trait ; et comme j'ai déjà dit que les fermiers ne pouvaient guère engraisser avec avantage, ils s'en tiennent donc mordicus à la race qui leur est la plus avantageuse, et ils ont, ma foi, bien raison. Transporteznous en Lorraine les pâturages de Normandie, ils abonderont bientôt dans votre sens, mais je ne crois pas que cela vienne auparavant.

Le bœuf le plus actif, le plus vigoureux et le moins lourd, est bien certainement, dans la culture, celui qui est préférable, surtout pour la herse. Si les bêtes étrangères ne demandaient que plus de nourriture, ce ne serait encore que demi-mal, mais voyez si une vache suisse se contentera du même fourrage que celle du pays. Je crois que je n'aurais pas besoin d'en dire davantage ; si notre race lorraine, croisée forcément avec les étalons étrangers, que l'on a tant prônés, ne s'était pas elle-même aussi presque perdue, comme on a perdu la race des chevaux. Ma bonne mère, il y a bien des années, n'avait pas plus de vaches que je n'en ai maintenant : elle entretenait son train, son ménage et le mien. Depuis, j'ai bien cherché à élever de cette vraie race lorraine, mais n'ayant plus trouvé que des taureaux abâtardis, sous prétexte de les améliorer, j'ai bien du mal maintenant d'entretenir seulement ma maison avec le même nombre de bêtes.

Si vous cherchez une vache ou un bœuf de travail se rapprochant le plus de cette race, malheureusement perdue, vous les reconnaîtrez à ce signe : c'est qu'ils doivent être ce que l'on appelle généralement femelins (1) dans nos campagnes, ou qu'ils se rapprochent le plus possible de la femelle, et, ce qui en est la conséquence, le caractère généralement doux, intelligent, les allures vives, beaucoup de bonne volonté dans le tirage et la peau fine et non attachée, ce qui fait qu'après avoir fait un bon service, ils sont encore infiniment plus faciles à graisser.

Une dernière recommandation, qui semble de toute nécessité. Pour les bœufs d'attelage, choisissez de préférence ceux dont la marche est la plus allongée et la moins disgracieuse, et surtout dont la corne est assez dure pour résister au travail d'hiver. On ne peut pas, dans notre pays, généralement faire ferrer les bœufs de culture, à cause des terres fortes qui leur sont dévolues et qui peuvent déferrer un bœuf dans une seule attelée. J'ai été obligé d'y renoncer, à mon grand regret; et quand la terre est durcie ou que vous êtes obligés de passer sur des chemins que l'on entretient par des pierres cassées, si

(1) Peu importe la race, pour qu'on leur donne ce nom, il suffit qu'ils soient conformés d'une certaine manière.

vos bœufs ont la corne tendre, et il y en a malheureusement beaucoup, il faut donc se résoudre à les voir boîter où les laisser à l'écurie.

On parle beaucoup, depuis quelque temps, des vaches bretonnes, qui doivent, dit-on, remplacer les chèvres pour les pauvres gens: je le désire de tout mon cœur, mais si elles continuent à être aussi en disproportion de prix, eu égard au poids de la viande, je ne puis les traiter que comme des bêtes de fantaisie.

Leur grande qualité d'ailleurs, la sobriété, est partagée par la vraie vache de pays, qui a l'avantage, incalculable, pour le manœuvre propriétaire, de pouvoir s'atteler.

Je n'oserais dire que j'en ai amené la mode dans mes environs, mais je vois avec plaisir bien des vaches attelées. Trois heures d'un travail qui n'est pas trop pénible ne peuvent leur nuire, sauf quand elles sont trop avancées; et comme elles ont le pas infiniment plus leste que le bœuf et beaucoup plus de vivacité, je n'aurais jamais abandonné ce genre d'attelage, si des garçons butors n'avaient point trop souvent abusé, en mon absence, de leur bonne volonté.

Outre tous les avantages qu'offrent l'élevage et le travail des bœufs, il faudrait aussi ajouter la différence énorme du prix du harnais : le joug, la manière la plus usitée d'atteler le bœuf ne coûte que la barre de bois, le coussinet, et la lanière de cuire ; mais cependant, je crois qu'on devrait y apporter une amélioration. Ces pauvres bêtes attelées ainsi, sont à un véritable supplice, et il faut beaucoup d'habitude et d'attention pour bien compenser les forces et la bonne volonté, et presque toujours l'un pâtit de la paresse de l'autre ; rien, selon moi, ne serait plus facile que d'éviter ces inconvénients majeurs, en employant le joug individuel ou simple, et qu'on relierait à l'autre joug moyennant une courroie. Le bœuf alors ne serait plus à la torture et aurait tous les avantages du joug sans en avoir tous les inconvénients, et ce genre d'attelage me semble préférable au collier, que beaucoup de personnes emploient pour ne pas condamner les pauvres bêtes, surtout pendant l'été, à l'immobilité que le joug leur impose.

Du mouton.

Un de mes bons amis m'a adressé le reproche d'avoir passé trop légèrement, dans ma première édition de cet ouvrage, sur l'espèce ovine.

Parlons-en donc plus amplement, puisque par là, je puis lui être agréable, et qu'il prétend que je pourrais être utile.

Je ne me suis point adonné personnellement à cette spéculation, parce que je ne saurais le faire sans nuire à mon fermier, mais il m'a été facile de l'étudier sérieusement, tant en Lorraine qu'en Champagne, où j'ai d'autres fermes, et elle m'a toujours présenté partout un immense avantage dans ces deux pays, mais notamment en Lorraine.

La culture exclusive par les chevaux cause un grand préjudice à la spéculation des moutons, à cause des rares bonnes qualités de fourrage que l'on est obligé de partager ; et cependant, selon moi, autant que possible, nos cultivateurs devraient s'y adonner. Mais, pour la bête à laine comme pour tout le reste du bétail lorrain, si l'ardeur des agronomes s'est ralentie, la cause en vient des malheureux essais qu'on leur a fait faire trop souvent de races étrangères et de mode, par conséquent, et dont les avantages brillants ont été trop vite compromis par les pertes que leur délicatesse a occasionnées aux fermiers, dont quelques-uns se sont alors rejetés sur les laines les plus communes, les ours, comme on les appelle, et où ils n'ont pas encore trouvé complétement leur avantage.

Restons donc, pour les bêtes ovines comme pour toutes les autres, dans ce beau milieu qui convient si bien à notre bonne Lorraine, en cherchant pour nos moutons l'engraissement facile et de belles laines demi-fines.

Il y a là, selon moi, pour vous, cultivateurs lorrains, profit et sécurité; mais tâchez alors, c'est toujours mon refrain, d'en avoir le plus possible.

Il faut donc considérer la question de l'avantage du mouton, sur trois points différents : la laine, le fumier et la viande de boucherie.

Parlons d'abord de l'élevage du mouton en général, et nous reviendrons, après, à chacun de ses avantages en particulier. Il est un fait certain, c'est qu'une troupe de moutons rend de grands services à un cultivateur; mais il y a en revanche, un proverbe lorrain bien connu : c'est que la plus *woyte* bête du troupeau, est trop souvent le berger.

Tout l'avenir d'un beau troupeau dépend de celui qui le gouverne. Le fermier ne peut pas toujours être là, pour être sûr qu'on a fait manger convenablement ses brebis; il lui est impossible, malgré toute sa surveillance, d'empêcher qu'on ne traverse quelques corvées où se trouvent des plantes malsaines qui les feront enfler.

Quand le cultivateur est à la tête de ses charrues, peut-il toujours vérifier si, par des temps pluvieux, le berger ne fait pas pâturer les herbages des terres ou des prés humides qui engendrent trop souvent la pourriture, etc., etc., etc. A-t-il toujours le temps de s'assurer que le berger soigne convenablement la galle, cette autre lèpre de la brebis et de sa laine? Malgré toute la sollicitude d'un fermier, je soutiens qu'un beau troupeau dépend d'un bon berger, et encore une fois, le type malheureusement en devient trop rare; aussi, je conseillerai toujours à un cultivateur qui a un bon serviteur de le conserver autant que cela est possible, car encore une fois, un bon berger, c'est l'avenir du troupeau.

Mais un reproche que je ferai toujours aux

fermiers qui, conservent les anciennes routines, et que chacun comprendra, c'est l'absurde méthode de ne vouloir vider leur bergerie que quatre fois par année. Est-il possible que le bétail puisse se porter convenablement au milieu d'émanations pareilles? Et est-il étonnant que les moutons de notre pays soient sujets à des ophtalmies et même à des congestions cérébrales!

On a cherché bien des fois à changer et à vouloir améliorer la laine de nos moutons; jusqu'à présent, les résultats sont loin d'être brillants et surtout d'être avantageux; cela vient, je crois, de la qualité de nos herbages, qui, malheureusement semblent ne devoir fournir qu'une laine en rapport avec la rusticité de la nourriture que la Lorraine peut fournir aux animaux qui la produisent.

Je suis d'ailleurs convaincu que l'âpreté de température à laquelle les Vosges condamnent notre beau pays, peut être aussi une des grandes causes pour lesquelles les moutons à laine soyeuse ne peuvent réussir chez nous, à moins de soins exceptionnels. Mais si la brebis à laine demi-fine offre du côté de la vente de la laine un certain désavantage, elle le regagne dix fois, par d'autres qualités dont je vais parler en quelques mots.

La bonne brebis ordinaire vivra facilement avec la moitié de nourriture que consomment ses compagnes, dont les laines sont plus recherchées ; elle est infiniment plus rustique, moins sujette à l'enflure, ignorant presque toujours, sauf négligence de son propriétaire, les maladies graves, dont ses compagnes ne sont que trop souvent attaquées. Enfin la brebis de pays broute avec plaisir une quantité d'herbes parasites dont les autres feraient fi. Un cultivateur peut avoir, presque sans risque, trois cents têtes de bétail à laine demi-fine, dans une ferme où il serait bien embarassé, et en tremblant toujours, d'entretenir deux cents bêtes à laine soyeuse. Or, comme dans toute marchandise la quantité balance toujours la qualité sous le rapport du bénéfice, n'est-il pas plus avantageux pour un fermier de vendre un lot de laine plus considérable moins cher, mais, avec toute sécurité, qu'un autre lot de marchandise qui lui rapporterait tout au plus, s'il réussit, la même somme, et, s'il lui arrivait quelques malheurs, pourrait ne rien lui rapporter du tout.

D'ailleurs, avec la vraie bête de pays, on ne risque rien de parquer un mois plutôt et de quitter un mois plus tard, et tous mes confrères savent trop bien le profit de deux mois de parc pour que je sois obligé de faire valoir cet immense avantage. Le parcage, en effet, est peut-être le plus actif de tous les engrais du pays après le guano ; seulement il a moins de durée que le fumier de mouton ordinaire à cause du manque de paille ; mais il rachète cet avantage en fertilisant une énorme quantité de terrain.

Un beau troupeau, conduit par un bon berger, peut fumer à son maître, quand la saison est convenable, tant d'hectares de terrain, que je crois que c'est là où siége le plus beau bénéfice de l'élevage du mouton, et en outre, grâce au parc, on peut graisser tout à son aise des corvées inaccessibles où l'on ne conduirait pas d'engrais, à cause de la difficulté, voire même quelque fois de l'impossibilité de pouvoir y charroyer.

Enfin, comme je l'ai dit plus haut, il faut bien se garder de tomber dans l'exagération et, sous le prétexte de vouloir trop rechercher la facilité de l'élevage et la rusticité, s'adonner à la production de troupeaux dont la laine ne peut être regardée que comme le rebut des autres éleveurs.

Si je parle ici du fumier de mouton, dont je ferai la comparaison dans le chapitre suivant, c'est, je ne puis trop le répéter, que par leur négligence les fermiers n'en tirent pas tout le fruit possible, en ne vidant pas raisonnablement leurs bergeries, et en risquant, comme je l'ai déjà dit, bien des causes de maladie dans leur bétail, surtout la gale qui est toujours le résultat de la malpropreté.

Le fumier de mouton, pur, est souverain, encore une fois, dans les terres froides et un peu fortes ; mélangé avec la marcairerie, il est avantageux partout, sauf dans les terres trop brûlantes.

Pourquoi donc, le cultivateur ne soigne-t-il pas sa bergerie comme il soigne ses écuries et ses étables? Pourquoi, faut-il le dire, par une routine tout-à-fait condamnable, n'utilise-t-il pas un des moyens les plus précieux pour activer la végétation et pour augmenter ses produits? Certes, dans presque tout ce qui regarde l'agriculture, j'ai pris le parti du cultivateur ; mais, quand il s'agit du fumier de mouton, je ne puis faire autrement que de l'accuser presque toujours et d'incurie et d'inintelligence.

Le troisième grand produit du troupeau du cultivateur, c'est le prix qu'il retire de ses moutons devenus antenois, des vieilles brebis qui ne sont plus propres à produire, et qu'il graisse le mieux possible, et enfin de ce qu'on appelle les chons, autrement dits, la rijure du troupeau.

Le bon mouton de pays peut varier de quarante à cinquante livres de viande qui, vendue au prix qu'elle vaut aujourd'hui, offre nécessairement un magnifique bénéfice à l'éleveur, et dont les gigots si appétissants d'ailleurs pour les tables recherchées, ne sont point, par leur énormité, forcément exclus des bonnes tables bourgeoises.

Les chons trouvent encore à placer sûrement leurs gigots dans bien des bonnes maisons qui ne recherchent pas des rôtis de trop forte apparence ; et, faut-il le dire, j'ai mangé plus d'un rôti de chon qui en valait bien un autre ; parce que la bête est un peu plus petite, souvent elle n'en a pas moins de qualité, surtout quand elle est jeune et en bon état.

Quant à la brebis, MM. les bouchers n'ont, j'ai bien peur, pas plus de remords de conscience pour leurs gigots, que pour certains filets de bœuf; et je crains bien d'avoir été forcé, plus d'une fois dans ma vie, d'avaler, pour le mouton comme pour le bœuf, la mère à la place du fils.

Quant à la vieille brebis, qu'il n'y a pas moyen de déguiser de quelque manière que ce puisse être, on est bien obligé de l'abandonner pour les vendanges, où d'ordinaire, les convives ne sont point des disciples de Brillat-Savarin.

En concluant, cultivateurs, encore une fois, avec tous les avantages que je viens d'énumérer ayez donc une troupe de moutons si cela vous est possible. Mais, si votre troupeau avait le malheur d'enfler, en tout ou en partie, retenez bien un bon conseil que m'a donné un vieux berger : au lieu de chercher à regagner au plus vite la ferme, faites rassembler vos moutons le plus serrés possible et faites-les rester immobiles, jusqu'à ce que le plus fort du danger soit passé. Le mouvement que la marche donne nécessairement à une bête enflée, active le développement des gazs qui provoquent le gonflement, pour lequel, quoi qu'on en dise, il y a bien peu de remèdes quand il est arrivé à son apogée.

Cette précaution, si simple, est aussi utile, en cas d'accidents, pour la bête à cornes que pour la brebis.

Des engrais.

Pour pouvoir parler des engrais, il faut d'abord tâcher de faire comprendre que la Lorraine est le pays, non pas le plus ingrat, à beaucoup près, mais bien un des plus difficiles à cultiver de France, pour mille raisons que j'ai déjà tâché de faire apprécier, et surtout à cause du mélange inouï de terres qui se trouvent souvent dans une ferme. Je travaille, moi, avec une simple charrue, depuis les terres les plus fortes jusqu'à des sables assez légers, pour que le vent ait pu emporter mes semailles.

Il faut donc beaucoup d'études, mais essentiellement pratiques, pour savoir, dans bien des fermes, distribuer convenablement le fumier. Avant tout, je soutiens que l'engrais d'une ferme doit suffire, presque toujours, largement à son entretien, si elle est cultivée par un homme intelligent. Il ne s'agit que d'avoir du bétail, surtout à cornes ou à laine, et de l'employer convenablement. Il y a, selon moi, en Lorraine, six espèces principales d'engrais que le pays peut fournir et qui doivent suffire à son amélioration.

1° La terrasse ou boue de cour, à laquelle

on peut joindre la terre vierge, qui sont, selon moi, les premiers de tous les engrais; 2° le fumier de bœuf et le fumier de mouton; 3° le purin de bœuf ou de vache; 4° le guano de pays; 5° le fumier de cheval, et enfin le repoux provenant des démolitions. Encore une fois, ne m'occupant que des ressources des fermes, j'ai dû me faire une loi de ne pas parler des engrais accessoires, dont un cultivateur intelligent doit pouvoir se passer.

1° De la terrasse.

De tous les engrais possibles, la terrasse ou la terre vierge doit avoir le premier rang; elle est utile partout, dure infiniment plus longtemps dans son effet et n'est nuisible nulle part. Dans les terres ruinées, en friche, dans les sables les plus volants, elle amène la fécondité souvent pour toujours, et dans les vignes, elle ne peut avoir de rivale.

2° Du fumier de bœuf et de mouton.

Si j'ai placé le fumier de bœuf avant celui de mouton, c'est parce qu'il est plus accessible à tout le monde et que, pour les qualités, il cède peu à son confrère, car il est utile partout et nuisible nulle part, et que si l'on veut garder la proportion de nourriture admise dans notre pays, de cinq moutons pour un bœuf, ce dernier fera, en outre, plus de fumier.

Certes, dans des terres froides qui ont besoin de toute l'énergique vertu du fumier de mouton, ce dernier est préférable. Dans les terres ordinaires, surtout pour les colzas, bien des cultivateurs lui donnent encore la prime. Mais cependant, malgré ces deux avantages, tout bien calculé, le fumier de mouton ne peut pas, dans les campagnes, rendre le même service que celui de bœuf, à cause de la différence énorme de quantité, et que, d'ailleurs, tous les campagnards ne peuvent pas avoir de moutons, surtout quand il n'y a point de troupeaux dans la commune, tandis qu'ils ont presque tous une vache.

3° Du purin.

Le purin est le suc de fumier, et semblerait devoir être placé par bien du monde audessus du fumier lui-même. Il n'en est cependant rien : le suc du fumier, sans la paille qui en fait le corps, manque de durée. Je ne suis point assez savant, théoriquement parlant, pour pouvoir vous en expliquer toutes les raisons. Je me borne à constater ce qui existe. Mais enfin le purin n'en est pas moins bien utile dans l'agriculture, soit qu'il provienne des bêtes à cornes, et que, mélangé d'eau, il améliore les prés qui ne peuvent s'arroser facilement, les prairies artificielles de durée et les pièces destinées aux plantes sarclées, soit que, par le parc, il assure à si peu de frais aux fermiers une récolte de blé ou de colza.

4° Du guano de pays.

Quelques personnes l'appellent le roi des engrais; permettez-moi de le mettre en quatrième ligne, et encore, malgré son mérite incontesté, il ne pourrait lutter avec le fumier de cheval, qui est peut-être l'engrais le plus commun dans notre pays, pour l'intérêt général, s'il n'était point fabriqué, pardonnez-moi l'expression ; il peut procurer alors aux petits cultivateurs, d'assez grands avantages, pour que je le maintienne au rang où je l'ai placé.

Cultivant avec des bœufs, le petit fermier doit forcément s'en servir, comme moi, pour sa machine à battre. Il a nécessairement des poules, des canards, peut-être quelques paires de pigeons : c'est du nettoyage aussi régulier que possible de ces volailles que nous tirons le guano ; mais, seul, il ferait bien peu de bénéfice, car on ne peut pas même, avec tout le soin possible, en avoir une bien grande quantité. Voici donc comme j'opère pour en retirer un bénéfice qui vaut la peine d'être cité. Je fais d'abord couvrir le manége de ma machine à battre de menue paille, pour faciliter la marche des bœufs ; et dès qu'ils l'ont suffisamment pourrie par la bouse et le purin qu'ils laissent tomber en travaillant, je fais semer une couche de guano qui a été mis en réserve pendant toute l'année, puis je fais répandre journellement les vannages que je ne voudrais pas donner au bétail, et que je me garderais bien de faire jeter sur le fumier à cause de toutes les semences qui s'y trouvent. Tout se mélange sous le pas des bœufs, et à la fin de la semaine, plus souvent si cela est nécessaire, je fais enlever mon fumier, et c'est à recommencer.

J'ai obtenu ainsi, dans deux mois de battage, jusque dix-huit tombereaux ordinaires d'un engrais qui, répandu avec soin à la pelle, dans les plus mauvais prés, m'y a fait merveille.

La puissance productive de ce genre d'engrais est incroyable. Dans des parties de prés où je n'avais jamais vu de regain, on pouvait remarquer le manque d'une pelletée pour cette seconde coupe qui m'a fourni davantage qu'anciennement n'avait jamais fait le foin.

5° Du fumier de cheval.

J'ai déjà dit qu'il est bien inférieur à tous les autres, que l'efficacité en dure moins longtemps, que s'il est vraiment utile dans les terres froides, il peut être quelquefois nuisible dans les terres brûlantes; mais j'ai vu les cultivateurs intelligents mélanger avec soin et par lits le fumier de cheval et celui de bœuf; alors tout le purin, la force nutritive de l'un, qui est perdue en partie par les grandes pluies, se répand, s'incorpore dans l'autre, et l'on obtient ainsi une masse mélangée d'excellent fumier.

En terminant, pour l'engrais provenant de la paille, le meilleur conseil à donner à un cultivateur, c'est de ne pas le laisser moisir. Tous les mois le fumier devrait être conduit. Quand il n'est point trop consumé, il court bien davantage, et fait merveille ainsi, surtout dans les sables ou toute autre terre, dont on redoute le tassement.

6° Du repoux.

Le repoux est un véritable engrais lorrain, parce qu'il ne peut convenir nulle part aussi bien qu'en Lorraine, dans certaines de nos terres de chien, comme on les appelle, qui roulent devant la charrue et qu'on a si longtemps laissées en friches, à cause de leur difficulté; et ensuite dans certaines terres blanches et froides, que bien des agronomes ont voulu améliorer avec la chaux, mais où ils n'ont jamais pu obtenir d'aussi bons résultats que s'ils eussent employé le repoux; car outre qu'il réchauffe doucement la terre, et lui apporte toute sa valeur comme engrais, il aide aussi énormément à la facilité de la culture.

Il y a bien peu de terre, quelque difficile qu'elle puisse être, que je n'aie vu s'améliorer en tous genres avec cette sorte d'engrais que l'on doit toujours semer à la pelle pour le diviser convenablement. En traversant les villes, combien de fois ai-je regretté de ne pouvoir utiliser ces décombres, dont quelquefois un entrepreneur ne demandrait pas mieux de se débarrasser.

TROISIÈME PARTIE.

Des Sociétés centrales et des Concours.

Personne, que je sache, ne s'est permis d'élever le moindre doute sur la véritable science, trop souvent théorique malheureusement, que ces messieurs des sociétés agricoles ont montrée dans les concours. Tout le monde rend justice à leur bonne volonté. D'où vient donc que ces réunions n'ont réellement satisfait que les agronomes qu'on appelle modèles, ou dont les fermes se trouvent plus particulièrement dans les environs des villes; tranchons le mot : pourquoi cette bonne volonté, ces efforts ne sont-ils pas appréciés comme ils devraient l'être par la grande majorité des cultivateurs? C'est parce que la science agricole des sociétés est trop *générale, théorique*, et qu'elle ne cherche point assez à s'appliquer avant tout aux véritables besoins du pays. La décision de ces messieurs aurait été trouvée admirable à Poissy, à Caen, et ne produit que peu d'effets à Nancy, parce que la Lorraine a besoin d'un tout autre genre de culture que la Normandie.

Je conçois le noble orgueil qui entraîne ces messieurs à ne pas vouloir que notre pays soit prédominé par aucune autre province, mais la froide raison nous ramène, bon gré, mal gré, au proverbe : Tel brille au second rang, qui s'éclipse au premier. Contentons-nous donc de la position que la Providence nous a faite, améliorons-la de tout notre pouvoir, puis profitons de la leçon de la grenouille de La Fontaine, et que l'orgueil de vouloir imiter des cultures beaucoup trop richement dotées par la nature, pour que nous puissions lutter contre elles, ne nous conduise pas à notre ruine, à force de nous épuiser en efforts impuissants.

Les terres privilégiées sont d'une rare fécondité, et nous ne pouvons leur opposer que les classes infiniment inférieures. Ces beaux pays n'ont qu'une pente extrêmement douce, sont d'un travail facile, et les terres varient fort peu dans chaque localité, qui se trouve avoir généralement aussi l'avantage des grandes pièces. Chez nous, nous ne rencontrons que collines, je dirai même que montagnes, dont il faut tirer parti. Les cultures dans presque toutes les communes, sont extrêmement pénibles ; la nature du sol varie à chaque instant, et enfin la propriété est tellement morcellée, que, sauf quelques vieux domaines, les champs sont divisés à l'infini, et dispersés souvent à des distances considérables de la ferme. Enfin les prairies de la Normandie ont une réputation européenne, tandis que chez nous les prés sont relativement rares, trop secs en partie ou ne fournissant qu'un assez triste fourrage dans les prairies humides. Ne pouvant ménager assez notre bétail, ne pouvant aussi convenablement le nourrir, comment pouvons-nous lutter pour l'élevage?

Quelques personnes essayent de faire disparaître notre infériorité sur les fourrages en nourrissant le bétail avec des plantes sarclées ; mais si nous ruinons nos terres au profit de notre bétail, où sera le benéfice, sans compter que les pommes de terre ne suppléeront jamais aux grands pâturages. Il faut donc chercher un autre moyen plus efficace. Je n'en connais qu'un seul qui, selon moi, puisse réussir : c'est de s'en tenir à l'amélioration des races de pays, et de faire entrer pour moitié les bœufs dans les difficultés que nous devons vaincre dans notre agriculture.

Je ne cultive qu'avec des bœufs et j'en connais trop l'inconvénient dans les transports lointains, pour ne pas conseiller aux cultivateurs de conserver autant de chevaux qu'ils en auront besoin raisonnablement. D'ailleurs, les lourdes charges, et à courte distance, étant traînées par des bœufs, les terres difficiles leur étant dévolues, les chevaux n'auraient plus aussi qu'un travail relativement facile qui aiderait à l'élevage. Je dirai plus encore : dans les terres faciles, les chevaux allant nécessairement plus vite, les jeunes bêtes ne seraient point réduites à ruiner leurs allures dès les premiers jours d'attelage. En second lieu, les bœufs devant être nourris, comme je l'ai dit, principalement avec les trèfles; les prés et les sainfoins d'une ferme, d'après mon principe, suffiraient alors plus que largement à nourrir les chevaux réduits à moitié, et l'excédant pourrait être employé, soit à la marcairerie, soit à doubler les moutons. Mais pour cultiver avec des bœufs, il faut choisir un type tout étranger à celui que prône la boucherie : au lieu d'éléphants cornus, il faut des bêtes aussi lestes que vigoureuses, infiniment plus légères et plus hautes sur pattes ; au lieu d'un caractère apathique, il faut que l'allure des jeunes bœufs soit douce, mais vive à la fois, il faut enfin tout le contraire de ce qu'on a l'habitude de prôner dans les grands concours. On m'objectera peut-être que ces types feraient un grand tort à la consommation ; d'accord, si vous vous en tenez au même nombre de bêtes ; mais comme les bœufs de pays sont infiniment plus sobres et moins difficiles que les autres, qui empêche d'en élever le double. Tous les bœufs ne sont pas également propres à la charrue ; avec un grand nombre de bétail, le cultivateur peut supprimer ses bêtes les plus âgées, trier avec soin celles qui ne semblent pas convenir à l'attelage, et c'est bien le diable si la paire de bœufs lorrains ne fournira pas autant de viande qu'un de ces colosses que l'on admire tant. En agissant ainsi, vous aurez changé de moitié votre fumier de cheval contre le double de fumier de bœuf et de mouton, vous doublez nécessairement l'amélioration de vos terres et par conséquent vos récoltes.

Je redoute énormément les concours pour notre agriculture, et je vais vous dire pourquoi. D'abord, comme je l'ai expliqué, c'est qu'on ne s'en tient pas à la culture locale, et qu'on ne cherche pas à primer surtout le bétail qui devrait lui être le plus approprié ; qu'en second lieu, les concours coûtent infiniment trop cher aux cultivateurs, pour les bénéfices et l'utilité qu'ils en retirent. J'ai entendu dire que les mieux primés avaient eu bien de la peine à couvrir leurs frais, et l'immense majorité qui n'a eu pour soi que les dépenses, pensez-vous que cela les aide à payer leurs canons. Savez-vous combien coûte un concours à un cultivateur ? C'est effrayant quand on en fait le décompte. J'accuserai aussi le concours d'être cause que les cultivateurs négligent tout le reste du train pour quelques bêtes privilégiées. Et, Messieurs, lorsque vous primez un fermier pour un sujet qui a mérité votre attention, si vous connaissiez le revers de la médaille, quelle verte réprimande vous lui donneriez souvent, à la place de sa couronne !

Un fermier voyant passer son confrère avec une vache qu'il conduisait au concours, disait à son voisin : « Tiens, voilà un tel qui conduit à la ville toute la graisse de ses écuries ». Hélas combien de fois cette réflexion aura-t-elle été juste ! Pourrais-je ajouter que bien certainement, sans quitter une partie de bouillotte, j'aurais pu, moi aussi, vous faire présenter, si cela n'était pas en désaccord complet avec mes idées, quelques sujets hors ligne qui auraient pu être, je crois, toujours primés, tandis qu'un petit cultivateur aurait une belle génisse lorraine, qu'il n'oserait pas même présenter, à cause des frais d'abord, et parce qu'ensuite il craindrait de la voir pour ainsi dire mépriser parce qu'elle n'est ni Suisse, ni Durham, etc. Est-ce là bien véritablement encourager l'agriculture locale ? Le grand propriétaire n'est-il pas bien payé de ses peines par le bien qu'il a pu faire et par l'extension donnée à l'agriculture, et a-t-il besoin d'autres encouragements?

Ce qu'en dernier lieu je redoute le plus dans les concours, c'est de voir les cultivateurs tirés de leur charrue, ne pouvant plus surveiller leur train, s'habituant aux banquets et aux dîners d'hôtels, qui leur font si souvent, maintenant, trouver doublement maigre la soupe au lard, qu'ils trouvaient si bonne auparavant. Ce que je redoute, c'est que par respect humain, ils ne jettent de côté le costume que leurs pères avaient rendu respectable, comme l'emblème du travail et de l'économie, pour endosser le paletot du dandy. Ce que je redoute, en un mot, pour eux c'est le désir de paraître, qui engendre le luxe et tous les vices qu'il traîne à sa suite.

Mais, si l'on supprime les concours, comment se rendra-t-on compte des progrès agricoles? En allant chercher des renseignements beaucoup plus positifs dans l'agriculture même; en surprenant le fermier chez lui, en constatant son mérite et le résultat de ses efforts. Je vous disais qu'avec un bon sur mon banquier, j'avais bien facile d'avoir de belles bêtes; mais il est infiniment plus difficile à un pauvre diable, qui commence avec peu de ressources, de se monter un bon train, et de remettre en bon état une ferme ruinée. Etablissez donc un concours pour la probité, l'économie, l'énergie, l'intelligence réunies en un seul homme. Primez la difficulté vaincue, et vous verrez si les vrais cultivateurs ne seront pas fiers d'obtenir vos médailles; mais, surtout, ne les dérangez pas trop de leur train. — Vous m'objecterez que j'offrirais ainsi une rude perspective de dévouement aux membres des Sociétés, c'est vrai; mais le mérite de ces messieurs, d'abord, n'en serait que plus grand, et ensuite sur les renseignements sérieux que l'on pourrait obtenir, le nombre des exploitations à visiter pourrait être bien diminué. Le fermier négligent est parfaitement connu dans la localité, comme on cite toujours l'agronome qui se fait respecter, et la voix du peuple de campagne se trompe si rarement sur le mérite de chacun en agriculture, qu'elle peut vous épargner, en la consultant sagement, une grande partie de la besogne. Puis, qui empêcherait de déléguer quelques personnes de toute confiance, que l'on pourrait rétribuer même au besoin sur la diminution des primes, et à qui s'adjoindraient les membres de bonne volonté, et qui voudraient véritablement s'instruire, en étudiant à fond une culture aussi variée que celle de notre pays. Par là, on obtiendrait des renseignements aussi sûrs que possible, et sur lesquels pourraient se baser Messieurs les membres, à qui leur âge ou leur position ne permettraient pas de s'absenter. Ces membres experts, si je puis m'exprimer ainsi, j'en ai toute confiance, seraient vite appréciés par la justice, qui est si souvent embarrassée d'être aussi juste qu'elle le voudrait, en matière agricole, faute de renseignements sur lesquels elle puisse compter en toute sécurité, et les tribunaux mettant bientôt à l'épreuve leur bonne volonté et leur capacité, pourraient finir par fournir à ces Messieurs, surtout s'ils étaient peu favorisés de la fortune, une position convenable et respectée. Je ne demanderais pas la suppression des concours pour le bétail ; je demanderais seulement leur modification en concours cantonaux, mais toujours appropriés à la culture locale. L'avantage pour les cultivateurs serait trop grand, pour avoir besoin de le développer. Qui empêcherait ensuite de réunir les lauréats à la métropole, pour les grands prix ; de cette manière, ils seraient bien peu de temps à la ville ; les primes couvriraient largement leurs frais, et l'immense majorité des cultivateurs pourrait rester à leur besogne, tout en profitant des concours.

Quel rôle joueraient les Sociétés agricoles si l'on adoptait ce système, et quels services pourraient-elles rendre désormais ?

Tout en s'adonnant à la culture locale, les Sociétés n'en conserveraient pas moins la science théorique, si nécessaire pour chercher chez nos voisins tout ce qu'ils peuvent avoir de bon et d'utile, et voir quelle application on pourrait en faire chez nous ; pour l'amélioration progressive de notre bétail et de notre agriculture, encourageant tout ce qui peut être applicable en Lorraine, rejettant tout ce qui leur semblerait nuisible ou intempestif. Ces Messieurs resteraient par là toujours nos chefs par l'initiative et le savoir et auraient ainsi leur bonne part de travail dans le pays; ils feraient comprendre aux propriétaires qu'on ne peut pas doubler le bétail sans augmenter les écuries, aux fermiers qu'il est déraisonnable d'exiger trop de bâtiments dont ils peuvent se passer, en apprenant à faire des meules. Ils prendraient l'initiative de la culture des bœufs, en récompensant de préférence les domestiques qui voudraient s'adonner à soigner ce bétail, bien certainement moins agréable à conduire que des chevaux, et en faisant comprendre aux cultivateurs qu'ils devraient en faire autant. Ils encourageraient le mérite qui a le plus besoin d'être soutenu, en primant au-dessus de tout *la difficulté vaincue, les fermes ruinées rendues en bon état à leur propriétaire, les terrains friches ou abandonnés améliorés, forcés par l'énergie et l'intelligence de produire, et de payer ainsi leur contingent au bien-être général.* Ils pourraient avec un peu d'initiative, continuer le beau rôle du bon roi Stanislas, en nous rendant une race de chevaux qui ne donnerait plus le triste spectacle qu'offrent les remontes en Lorraine, et sur lesquelles on doit bien plus se statuer que sur les concours, pour la véritable situation et évaluation des élevages.

Puisque les demi-sang des haras ont si mal réussi, sauf pour quelques amateurs, que les Sociétés fassent donc comprendre au Gouvernement (qui, en définitif, ne demande que des informations et des réclamations sérieuses basées sur les résultats obtenus) qu'elles réclament la suppression de ces races étrangères qui ont si mal prospéré en Lorraine. L'Arabe, l'Andalou, ne peuvent nous convenir, et la race des chevaux anglais est décidément aussi antipathique au bétail du pays, tant qu'il ne sera pas régénéré, qu'il serait difficile de faire sympathiser les hommes de deux nations.

A la place de ces chevaux si chers à acheter, et qui demandent tant de frais au Gouvernement pour leur entretien, qu'elles réclament de bons étalons français, percherons, voire même au besoin ardennais bien choisis, ou, ce qui serait infiniment préférable, quelques types que l'on doit trouver encore en Allemagne, de cette fameuse race dont nous avait dotés le bon roi, et à leur défaut et à celui des percherons, quelques beaux étalons danois ou mecklembourgeois, capables d'améliorer bien vite notre triste situation.

Le Gouvernement, déchargé de tant de frais qu'entraînent les dépôts dans nos départements (sauf un service d'inspection que je voudrais aussi ferme qu'actif, et qui s'étendrait en plus sur les juments cédées aux fermiers), le Gouvernement, dis-je, pourrait facilement alors placer ses étalons chez les agriculteurs et en fournir quatre pour un, même avec moins de sacrifices que par le système actuel.

Ai-je besoin de m'étendre sur les résultats qu'on obtiendrait avec une méthode si simple et qui d'ailleurs est la même que pour les juments. Ai-je même besoin d'ajouter que l'étalon devenant alors un cheval nécessairement utile, serait envié par tous les fermiers, et ne devrait être accordé qu'à ceux qui s'en seraient rendus dignes, non par l'exposition de quelques bêtes exceptionnelles, mais par leur mérite comme fermiers et le bon entretien de tout leur bétail. Ces messieurs rallieraient enfin l'agriculture lorraine sous une seule bannière, en y faisant écrire trois mots qui ne doivent être reniés par personne : Probité, intelligence, activité, et auxquels l'économie ne nuirait pas trop, selon moi, si on voulait l'y ajouter.

Des concours de graisse.

S'il y a généralement un grand défaut en France, c'est de vouloir, bon gré mal gré, imiter ce que font les autres, sans se donner la peine de calculer si l'on devient absurde en voulant singer ses voisins. La mode, puisqu'il faut l'appeler par son nom, est venue se fourrer jusque dans l'agriculture, sans s'inquiéter de savoir si elle ne détrônait pas le bon sens; et c'est dans les concours de graisse que chacun a pu la voir trôner avec un aplomb qui, je l'avoue, ferait diablement rire si il ne faisait pas tant de tort à l'agriculture et aux consommateurs.

Parce que l'on a fait des concours de graisse à Poissy, parce qu'on y a couronné des lauréats impossibles, doit-on en faire autant en Lorraine avec les rebuts de Poissy (bien entendu).

Mais l'alimentation de Nancy, peut-elle, et doit-elle être la même que celle de la capitale, et les ressources de notre bonne province sont-elles les mêmes que celles du Nivernais, de la Flandre, de la Normandie, de la Bresse qui envoient pour les concours d'alimentation d'une ville de deux millions d'âmes le choix de leurs étables et de leurs basses-cours, et qui ensuite croient fort nous honorer en venant empocher les primes, qui devraient être distribuées à nos cultivateurs, avec tout au plus un dernier accessit de Poissy.

Encore une fois, comme je me tue de le dire, le concours des animaux de boucherie et de volailles, doit être en rapport avec les besoins de la consommation locale et les ressources du pays. Et si vous cherchez à introduire dans les marchés de Nancy des animaux qui ne s'accordent pas avec ses ressources, il en résultera nécessairement des inconvénients graves dont je vais tâcher de faire comprendre les conséquences.

Qu'à Paris, on cherche à abattre les plus lourdes bêtes, c'est logique. Aux Tuileries, dans les maisons princières, dans les ambassades, les ministères, les grands restaurants, etc., on comprend qu'il faille de magnifiques pièces de bœuf. A Nancy ou à Metz où pourrait-on les placer?

Et, si le boucher ne trouve pas le débit de

sa marchandise, il est tout naturel qu'il envoie à Paris ses plus beaux morceaux.

Cependant comme il faut des filets de bœuf dans bien des maisons de notre cité; comment fait alors le boucher pour satisfaire ses pratiques? Il emprunte aux petites villes des environs ces morceaux de choix qu'elles trouvent elles-mêmes difficilement à placer. Mais comme on tue généralement autant de mères de bœufs, au moins, que de bœufs véritables, dans les campagnes, nous courons grand risque, parce que les bouchers de la ville ont acheté des bêtes de trop forte taille, d'être obligés d'avaler tout simplement du filet de vache, décoré du nom le plus pompeux en fait de Suisse, Durham. Ce qui, au bout du compte, ne serait pas encore un grand malheur si la pauvre bête dont on l'a tiré n'avait pas été jusqu'à cinq ou six fois grand'mère, comme cela arrive quelquefois.

Quant à ce qu'on veut bien nous abandonner des bêtes couronnées aux concours, j'avoue que la vue n'en n'est pas appétissante quand elles sont vivantes; et je suis forcé de convenir qu'elles sont encore plus dégoûtantes, s'il est possible, sur la table.

L'an dernier, j'ai eu l'honneur et le malheur de me trouver chez un de mes bons amis, en face d'un gigot de mouton primé. J'aime beaucoup le gigot de mouton; mais je dois avouer, que l'on a été obligé d'en couper au moins quinze tranches avant de pouvoir en trouver un morceau qui ne soulevât pas le cœur. Et la gracieuse châtelaine qui nous recevait s'est, ma foi, vue obligée de nous faire des excuses, en nous jurant bien qu'on ne l'y prendrait plus. Deux heures après, j'apprenais qu'à la cuisine, en dépit d'appétits jusqu'ici à toute épreuve, nos gens avaient été obligés de renoncer à ce rôti au suif, dont tout au plus des estomacs d'Esquimaux auraient pu s'accomoder.

Pour le bœuf gras, c'était bien pis encore! En revenant de cette partie de campagne, je rencontrai un de mes camarades, ancien officier supérieur, aussi solide à table que brave devant l'ennemi, qui s'en allait en grognant d'une façon tellement formidable, que je crois ma foi, qu'il jurait. Je m'arrêtai pour lui demander la cause de sa mauvaise humeur. Croiriez-vous, mon cher, me répondit-il, que depuis trois jours, grâce aux concours, je suis condamné à avaler de l'eau de lavasse en guise de bouillon, et que j'ai failli le payer le double? C'était réellement grave comme on le voit, et voici ce qui s'était passé.

Le cordon bleu de mon camarade avait été chercher la provision de la semaine chez son boucher d'habitude, qui, par malheur, avait acheté le bœuf gras. On lui fit la grâce de lui en fournir sa pesée ordinaire, sans la lui faire payer le double à cause de la circonstance, et en lui faisant sonner bien haut qu'on ne lui accordait cette faveur que parce qu'elle était une des meilleures et des plus anciennes pratiques.

La brave cuisinière revint très-fière au logis, et mit dans son pot-au-feu le morceau journalier. Mais elle n'avait pas calculé que son bouilli qui provenait du lauréat du concours, avait, naturellement trois fois plus de graisse que de viande ; et quand elle voulut servir son potage, elle s'aperçut que son bouillon était surchargé d'yeux fort peu appétissants, et qui enlevés avec précaution pour donner quelque chose de présentable, ne laissaient plus dans la soupière, comme disait le vieux soldat, qu'une véritable eau de lavasse, dont se seraient à peine contentées les tables d'hôtes du pays. Et voilà pourquoi mon vieux camarade jurait si bien entre ses dents.

Si à la place d'un homme à son aise, que je plaignais de grand cœur, sans pouvoir m'empêcher de rire, une pauvre femme d'ouvrier eût acheté, pour sa famille, cette ration de graisse, à la place d'un bon morceau de viande, la famille tout entière se serait donc vue obligée de jeûner (car on ne peut pas en France, se nourrir de suif), parce qu'il est de mode, depuis quelques temps chez nous, de vouloir singer ce qui se fait aux environs de Paris. Mais avez-vous bien calculé, vous tous, Messieurs, qui couronnez ces monstruosités, combien il faut de nourriture perdue pour arriver chez un bœuf ou un mouton à ce degré d'obésité, et croyez-vous que la chair en soit aussi bonne, aussi saine et aussi nutritive que celle d'un bon bœuf de pays?

Plus une bête devient grasse, plus elle devient difficile sur la nourriture, et plus elle gâte ce qu'on lui donne. Je réponds de ne pas être démenti par les praticiens de bonne foi, en disant qu'on arriverait aisément à graisser convenablement trois beaux bœufs ordinaires avec la valeur de la nourriture qu'il faut à une bête de concours.

Il y en a qui, à quatre ans, n'ont pas encore goûté une goutte d'eau pure, et qui ne boivent encore que du lait. Leur nourriture est presque tout artificielle, et l'herbe des prairies n'y compte presque pour rien.

Est-il possible que cette viande ait le même suc que celle qui vient des pâturages; ne tombe-t-il pas sous le sens commun qu'elle ne peut point être aussi saine, pour les consommateurs, que celle qui provient de la nourriture naturelle que Dieu a donnée à chaque animal, et croyez-vous maintenant qu'il ne vaudrait pas mieux primer trois belles et bonnes bêtes de pays, arrivées à leur point raisonnable d'engraissement, qu'une énorme bête étrangère qui n'aura d'autre mérite que celui de fournir du suif, et une viande qui laisse beaucoup à désirer sous tous les rapports.

Mais, Messieurs, tâchez donc de bien vous convaincre que tous les vrais cultivateurs seront toujours des éleveurs raisonnables, et ne donneront jamais dans le suif, s'ils n'y sont malheureusement entraînés par l'espoir des primes que vous y attachez ; que nous devons être, et que nous serons volontiers des fournisseurs de bonnes et belles marchandises, mais, que notre vocation n'est pas d'être des fabricants de chandelle.

Parlons maintenant un peu des volailles,

et voyons, en quelques mots, ce que deviendrait le marché de Nancy, si les cultivateurs avaient la faiblesse de se laisser persuader de propager les espèces de la Société d'acclimatation, et si surtout ils avaient le malheur de vouloir essayer de remporter une prime de volailles grasses.

J'ai voulu essayer de changer la vieille espèce de pays que m'avait laissée ma bonne mère, afin de pouvoir en juger par moi-même, avant d'écrire, comme c'est toujours mon habitude.

Si vous saviez, amis lecteurs, ce que m'a coûté le désir de vous empêcher de faire une sottise !

D'abord, il y a à la maison, disette complète d'œufs, et moi qui en vendais par centaines, je me suis vu dans la honteuse nécessité d'en acheter bien des douzaines. Ces superbes poules pondent très peu, mais en revanche, si on les laissait faire, elles couveraient toute l'année ; parlons donc de leurs poulets.

Hélas ! pendant deux grandes années, j'ai essayé en vain d'en trouver un seul, je ne dirai pas aussi tendre, aussi fin qu'un bon petit poulet de pays, mais qui voulût bien seulement se laisser avaler sans un travail trop réel de mâchoire, et quand je voulais manger un bon rôti, comme je me crois obligé de faire ici ma confession tout entière, je le faisais acheter chez mes voisins.

Au bout de deux ans de patience, avec quel plaisir j'ai fait tordre le cou à toutes les poules de ma basse-cour, et comme je les ai bien vite remplacées par la franche espèce de pays, que je n'aurais jamais dû changer.

Quant aux crève-cœurs, j'avoue que j'ai reculé devant leur élevage, un peu en grand, entendons-nous, et cela pour deux raisons ; la première, c'est qu'il m'aurait fallu un médecin-vétérinaire, et une pharmacie portative attachés à ma basse-cour, pour conjurer, s'il était possible, les cas de coups de sang, d'ophtalmie, etc., etc., enfin toutes les maladies innombrables auxquelles sont sujets ces intéressants volatiles, et j'ai pensé que cela me deviendrait un peu trop cher, et surtout un peu trop ennuyeux.

La seconde raison, c'est qu'on a beau dire que les crève-cœurs sont un manger exquis, je dis, moi, avec mon simple bon sens, que si la chair du crève-cœur est délicate, la viande d'un poulet quelconque, toujours sous le coup d'une maladie, ne peut pas être aussi saine, et par conséquent doit être plus répugnante, quand on connaît son origine, que celle d'un simple poulet de pays, qui est si robuste pendant sa vie, si tendre après sa mort.

Mais revenons au marché de Nancy. Si tous mes confrères avaient eu le malheur de faire dans leurs basses-cours ce que j'ai fait, pendant deux ans, dans la mienne, la douzaine d'œufs qui vaut soixante centimes en moyenne dans les campagnes, serait montée immédiatement au moins à un franc quatre-vingts centimes. Combien les vendrait-on alors sur le marché de Nancy ?

Il est clair que ces grosses poules mangeant trois fois plus que les poules ordinaires, on en aurait élevé certainement deux fois moins. Maintenant, comme elles pondent, comme je l'ai dit, quatre fois moins que les poules de pays, il tombe sous le sens commun que forcément il y aurait eu aussitôt disette générale d'œufs dans toute la contrée.

Quant aux poulets, comme ils sont beaucoup plus forts et moins rustiques que ceux de notre petite espèce, et qu'il leur faut beaucoup plus de soins, de nourriture et de place, on en éleverait beaucoup moins.

La perte serait-elle pour le cultivateur? Non ! il est évident qu'il gagnera autant en vendant une volaille six francs, qu'en en vendant trois deux francs pièce. Mais le bourgeois, l'employé, le militaire qui n'a que sa retraite, le petit commerçant, voire même le brave ouvrier qui est bien aise de manger un bon poulet les jours de grandes fêtes, peuvent-ils mettre six francs à une volaille? Elles seraient belles les bénédictions que vous prodigueraient leurs dignes ménagères, si les cultivateurs écoutaient vos conseils, Messieurs de l'acclimatation et des concours de volailles, et si, grâce à vos leçons, elles ne trouvaient plus à donner à leur famille l'omelette traditionnelle, ou le poulet des grands jours.

L'agriculture ne doit point avoir en vue seulement l'avantage de quelques personnes privilégiées par la fortune; s'il en était ainsi, il y a longtemps que je ne serais plus cultivateur. L'agriculture doit se regarder comme l'aide du Seigneur, pour le bien-être de tous les braves gens ; et c'est cette magnifique pensée de pouvoir servir, en quelque sorte, de bras droit à la Providence, qui m'a fait vouer ma vie à l'étude de la nature et aux ravaux de la campagne.

Primez donc, Messieurs, primez avant tout la fermière qui portera sur le marché des œufs par milliers, des poulets par centaines; primez tous ceux qui peuvent concourir à rendre la vie meilleur marché en apportant le plus de bonnes marchandises ; et primez nos volailles, fussent-elles moins énormes que celles du Mans et de la Bresse; le mal, certes, ne sera pas bien grand pour notre belle Lorraine; puisque, d'ailleurs, avec des communications si rapides et si multipliées, il serait très facile, pour de grands dîners, de se procurer chez nos voisins quelques pièces de volaille, si l'on n'en trouvait pas d'assez fortes chez nous.

Quant aux porcs, il est évident que les efforts de tous les gens de campagne, tendent à leur engraissement; mais faut-il encore primer ici l'exagération? je ne le pense pas. Une belle bande de lard, propre au piquage, a toujours été recherchée par les charcutiers et les bonnes ménagères ; mais on obtient parfaitement ce résultat avec des cochons de pays, de cent dix à cent vingt kilos et avec des batardés d'un poids bien moins considérable, parce que les bandes sont infiniment moins longues. En outrepassant ces chiffres, on donne donc dans la fantaisie; mais malheureusement cette fantaisie s'obtient presque toujours aux dépens de la qualité de la marchandise, et dans ce cas, au lieu d'une prime, elle ne mériterait, selon moi, que le blâme, car il y a une considération extrêmement grave à laquelle, généralement, on ne fait pas assez attention dans les concours pour les porcs, c'est l'alimentation dont on s'est servi pour les engraisser.

La viande et le lard du porc formé par des pommes de terre et du grain sont une nourriture saine et de toute utilité dans nos campagnes ; mais depuis que certains spéculateurs se servent de tout, j'entends dire jusqu'à des débris d'abattage, pour arriver à obtenir ces bêtes monstrueuses, on assure avec raison que leurs dépouilles sont malsaines quand elles sont cuites, et qu'elles peuvent devenir fatales, lorsqu'elles sont mangées crues.

Il serait donc encore de toute utilité, selon moi, de primer pour les porcs, la quantité des sujets et surtout leur bonne qualité, et par conséquent, encourager l'élevage des campagnes avec lequel on peut être sûr de manger de la viande saine, tandis que, je l'avoue, surtout dans certains moments de l'année, je me suis vu forcé d'interdire dans ma famille tout espèce de porc frais acheté dans la bonne ville de Nancy, parce que je sais par expérience, qu'il n'est fourni presque toujours alors que par la spéculation, et que je me méfie de la manière dont il a été nourri.

Des instruments agricoles.

Je ne crois pas devoir commencer ce chapitre sans ajouter mon faible tribut d'éloges à un honnête homme qui nous a fait véritablement du bien.

Quand on voit M. de Dombasle grelotter sur son piédestal, dans une petite place de Nancy, au milieu de la capitale des populations pour le bien-être desquelles il a sacrifié la plus grande partie de sa vie, j'avoue que tout agronome, tant soit peu philanthrope, doit regretter d'être obligé de contempler la triste contenance de son principal chef, sans qu'il soit même permis à sa bonne volonté de lui offrir le moindre vêtement pour l'aider à se couvrir.

Il est vraiment malheureux que la bonne ville de Nancy ait si mal réussi dans sa louable intention de vouloir honorer un des principaux hommes de bien, dont elle doit être fière à juste titre.

Ma tâche n'est pas d'énumérer ici toutes les améliorations agricoles dues à M. de Dombasle, cela me conduirait beaucoup trop loin; rien que d'avoir appris aux populations à faire leur moisson suffirait pour la réputation d'un homme, et M. de Dombasle a mérité dix fois sa réputation.

Revenons donc aux instruments agricoles les plus utiles, et dont la plus grande partie lui doivent l'existence ou le perfectionnement.

Le plus utile des instruments agricoles nouveaux est bien certainement la machine à battre. Que deviendraient, avec si peu de bras dans les campagnes, les cultivateurs, s'il fallait encore recourir au fléau?

Cependant, quelque perfectionnée que soit cette machine de première nécessité, elle laisse encore beaucoup à désirer par la perte du grain dans la menue paille; aussi le manœuvre qui peut faire son ouvrage lui-même, en temps perdu d'hiver, préfère-t-il encore le fléau.

Les charrues ont reçu des modifications sérieuses, quoiqu'il y ait encore chez beaucoup de praticiens une préférence marquée pour l'ancien avant-train sur le système plus nouveau, bien qu'à première vue celui-ci ait l'air de présenter plus de facilité. Mais, ce que l'on cherche avant tout, c'est la charrue qui conserve le mieux son aplomb, surtout dans les terres difficiles, et par conséquent fait de la meilleure besogne, avec moins de mal pour les bêtes et pour les gens ; et bien des cultivateurs s'en tiennent, comme moi, à l'ancien système perfectionné.

Rien de plus utile pour les fermiers, que cette fabrique d'instruments agricoles à la porte de Nancy, où vous trouvez non-seulement à acheter ce qui est nécessaire, mais surtout à faire réparer avec tant de facilité les accidents qu'entraîne journellement le métier de cultivateur.

Là on trouve le coupe-racines, le hache-paille, à côté du scarificateur, du semoir et de la houe à cheval, etc. A propos du scarificateur, c'est un instrument qui serait vraiment précieux en Lorraine, si on ne lui faisait pas jouer trop souvent le rôle de la charrue, qu'il ne peut remplacer.

Quant au semoir, quoi qu'on en dise ; à mon avis, dans les trois quarts de nos fermes, il ne remplacera jamais un véritable semeur; tous les gens du métier comprennent assez pourquoi, pour que je me dispense de l'expliquer.

Pour les plantes sarclées, si on les cultive en grand, et si on manque de bras, je conçois l'utilité des instruments à chevaux; mais je me trouve encore fort heureux de pouvoir en revenir, comme le commun des martyrs, au vieux béchoir traditionnel.

Enfin, je parlerai encore, entre autres instruments (que je ne puis pas énumérer tous, parce qu'ils sont plutôt du domaine des fermes appelées modèles, que de la simple agriculture rurale), de la fouilleuse et du tarare.

La fouilleuse est, je crois, un instrument dont on ne se sert pas assez; quand tant de bras s'occupent à défoncer les terrains, pourquoi ne pas employer dans la grande culture un instrument qui rendrait presque le même service à la terre? Ici je crains que ce ne soit un peu la maudite routine qui arrête surtout le propriétaire fermier, et qui lui cause un grand préjudice.

Quant aux tarares de la fabrique, je me permettrai un conseil, tant aux fabricants qu'à ceux qui s'en servent. Etablissez un glissoir s'enlevant à volonté derrière le grand van, afin de séparer les hauts tons de la menue paille, et vous serez encore plus contents de cet instrument. Dirai-je un mot maintenant des faucheuses et des moissonneuses?

Je crois que ces dernières surtout ont peu d'avenir en Lorraine.

Notre pays est trop en côtes; nous avons trop de terres pierrailles ou très fortes, qui conservent, à la moisson, une partie de leurs mottes ; nos blés sont trop souvent roulés ; enfin les champs sont trop disséminés, pour qu'elles puissent réussir, et j'en bénis le Ciel pour le bien même des fermiers, la moisson étant la dîme de l'ouvrier campagnard, dîme qui s'augmente ou qui se diminue selon l'énergie de l'homme et l'aide que peut lui donner sa famille, et dont, en définitif, le cultivateur vraiment honnête homme ne se plaint pas.

Encore une fois, la faulx ou la faucille pour ceux qui le peuvent, et la glane pour les vieillards et les enfants sont une si grande ressource, que combien de familles, si elles en étaient privées, n'auraient plus d'autre alternative que de demander aux villes ou aux fabriques le pain qu'elles ne pourraient plus gagner au village.

Quant à la faucheuse, comme son emploi dépend principalement du nivellement des prairies et de leur étendue, elle sera longtemps à pouvoir être employée dans la plupart des fermes ; mais j'avoue que je la verrais réussir beaucoup plus volontiers, car elle causerait bien moins de préjudice aux ouvriers de campagne et rendrait un rude service au cultivateur. En tout cas, il faut encore bien des perfectionnements à ces instruments, très compliqués, pour pouvoir être employés d'une manière vraiment avantageuse.

Des animaux nuisibles.

Dans les animaux nuisibles à l'agriculture, on a omis de mentionner en première ligne deux genres de brigands qui, bien certainement, font plus de mal dans certaines localités, que tous les autres ensemble. Je veux parler du ramier et de la grive, sur le sort desquels on s'est tant appitoyé au sujet des tendues, et dont, bien certainement, leurs défenseurs n'ont jamais eu les mêmes raisons de se plaindre que les pauvres habitants des campagnes. Les ramiers arrivent en bandes en Lorraine sur la fin de février, et se nourrissent exclusivement, dans les quelques localités qu'ils honorent de leur diable de présence, des tiges et des feuilles les plus tendres des jeunes colzas. Leur séjour en troupe dure environ un mois, puis ils se dispersent pour choisir la place de leur nid. Trop souvent nous avons eu le malheur de recevoir ces maudits visiteurs, dont le nombre varie environ par année de cinquante à trois cents au moins. Il y a trois ans, une des fortes bandes s'étant abattue chez nous, a causé un dommage de plus de dix hectolitres de colza à mon fermier, sur quatre hectares environ qu'il avait ensemencés. La première tige du colza étant rongée, ne donnait plus en poussant que des branches secondaires, et tout agronome comprend que la récolte alors est bien aventurée. On a fait tout au monde pour les faire déguerpir : les hommes de paille, les petits moulins à vent n'ont rien fait ; ils en prennent vite l'habitude. Des domestiques même, que l'on envoyait pour les chasser, s'ils les faisaient envoler d'une corvée, étaient sûrs de les retrouver dans une autre. Il n'y a eu d'autre remède que du triple zéro et des chevrotines qui, tirés à toute volée, ont fini, tant par le bruit de la poudre que par le sifflement du plomb, à les faire déguerpir. Il ne nous est resté que les couples qui, avec les tourterelles, nous ont encore fait assez de mal, tant dans les semailles de pois, lentilles, etc., qu'en battant avec leurs pattes, leurs ailes et leur bec, les javelles de colzas, dont ils sont encore plus friands que les pigeons.

Mais si la grande quantité de mes sapins nous procure, je crois, la visite infernale de ces maudites bêtes, et leur séjour au printemps, qui cause tant de préjudice aux colzas, les sapins, dis-je, offrent un abri qui attire, en revanche, de bien bons auxiliaires à l'agriculture, surtout les années où les souris foisonnent; je veux parler des chouettes. On ne s'est pas encore bien rendu compte, je crois, du véritable service que ces pauvres oiseaux de nuit rendent aux récoltes, en détruisant tous ces maudits rongeurs qui font tant de mal aux céréales, et auxquels ils déclarent une guerre acharnée. Il n'est guère de cultivateurs qui ne les respecte, à proportion des services qu'elles ont toujours rendus.

Les pies, les geais, les loriots, les corbeaux, mais surtout les grives et les merles font une guerre acharnée aux cerises qui, cependant, dans bien des villages, sont une des principales branches du commerce agricole.

Mais, c'est surtout dans les vignes isolées, ou à proximité des bois, que les passages de grives font un mal incalculable.

Je leur ai vu causer ce que l'on peut appeler un véritable désastre pour les pauvres gens, en égrappant si bien leurs ceps, qu'il était complétement inutile de vendanger : cela paraîtrait incroyable, si je ne pouvais l'assurer comme tant d'autres, non-seulement pour l'avoir vu malheureusement de mes yeux, mais pour l'avoir éprouvé pour mon propre compte.

Quant aux moineaux, il est inutile, je pense, d'en recommander la destruction ; il n'est pas un vrai cultivateur, qui ne verrait avec joie le dernier anéanti par tous les moyens possibles.

Des tendues et de la chasse (1).

C'est à propos des tendues que je plains

(1) Dans ma première édition, page 116, 18e ligne, une faute d'impression ayant mis le mot agriculture à la place

réellement le Pouvoir de se croire obligé, pour le bien de l'agriculture, de suivre les pensées de gens qui peuvent avoir de la bonne volonté, sans doute, qui colorent leurs idées des phrases les plus attrayantes ; c'est vrai, et qui duperaient tout autre qu'un vrai cultivateur. Certes, la tendue est cruelle, il serait absurde de le nier. Mais la chasse où un pauvre lièvre blessé finit par être dévoré par les chiens ; mais la pêche, où une perche, une anguille reste toute une nuit accrochée à un hameçon, où un brochet ne craint pas de s'arracher les entrailles pour pouvoir se débarrasser du hauzin, et mourir à quelques pas de là ; mais la cuisine, où l'on fait bouillir vivants et l'escargot et l'écrevisse, tout cela n'est-il pas au moins aussi cruel que la tendue? néanmoins on ne le défend pas ; je dirai plus, on ne peut pas le défendre, et cependant la tendue seule rendait à l'agriculture un énorme service, qui n'a pas été apprécié.

D'abord, quant à l'agriculture, tous les oiseaux fins-becs, que l'on prend aux rejets,

de sylviculture, a l'air de contredire ce que j'avance dans ce chapitre; mais en rétablissant la phrase telle qu'elle doit être, on verra que j'ai toujours été, et que je serai toujours probablement du même avis.

mourraient de faim à côté de ses ennemis; les petits oiseaux peuvent rendre des services aux bois, en détruisant les chenilles, c'est vrai; mais ils ne peuvent en rendre aucun aux céréales et aux prairies, parce qu'ils ne mangent ni la limace, ni la sauterelle, et que, encore une fois, ils mourraient de faim à côté. J'espère que je n'ai pas besoin d'en dire davantage pour prouver l'inutilité de la défense des tendues pour sauvegarder les intérêts de l'agriculture.

Mais, y a-t-il, parmi les oiseaux que l'on prend aux sauterelles, de véritables ennemis de l'agriculture? Oh! oui; la grive qui est une des principales causes pour lesquelles on tend, est un véritable fléau pour la cerise et surtout pour le raisin, qui, certes, compte parmi les premières ressources de la campagne. La grive, d'ailleurs, au dire des vieux tendeurs qui ont bien et forcément été obligés d'étudier les mœurs des oiseaux, pour avoir plus de facilité à les prendre, la grive, disent-ils, quand elle n'a pas de fruits qui lui conviennent, se nourrit de vers de préférence à tous les autres insectes; par conséquent si elle est si nuisible pour les vignes, elle ne peut pas même être utile pour les bois. On ne comprendra jamais, si on n'en a pas souffert, le dégât que peut causer un passage de grives au moment de la vendange; pour mon compte, j'aurais donné plus d'une fois volontiers cent écus pour avoir été dispensé de leurs maudites visites. Et voilà cependant les oiseaux que certains philanthropes de nos jours ont pris tant de mal, et ont si malheureusement réussi à faire protéger.

Mais il y a une autre question plus grave encore dans les tendues, et à laquelle, comme toujours, nos philanthropes de cabinet n'ont point fait attention; c'est ce que pouvaient rapporter aux braves gens des campagnes, les deux mois où ils tendaient.

Certes, protéger des animaux innocents, c'est bien; mais je prétends, qu'avant tout il faut faire vivre les hommes, et je m'apitoyerai davantage sur une pauvre famille qui, tout l'hiver grelotte de froid et souffre de la faim, que sur des petits oiseaux, que je voudrais de tout mon cœur voir moins souffrir, sans doute, mais qui, pour moi, ne valent pas encore des hommes. Et enfin, quand j'entends nos législateurs déplorer l'émigration des campagnes vers la ville, tandis qu'ils ne semblent s'occuper qu'à priver inutilement le paysan de tout ce qui peut le faire vivre au village, je ne puis que déplorer, une fois de plus, que l'avenir de tant de millions de nos concitoyens soit ainsi à la discrétion de quelques individus qui, je le répète, peuvent avoir de la bonne volonté, c'est possible, mais qui, parce qu'ils n'ont pas fait une étude assez approfondie des choses qu'ils gouvernent, en arrivent, avec la meilleure foi du monde, à faire le plus grand mal aux campagnes, au nom de l'agriculture, tout en croyant leur faire du bien.

La défense des tendues, en empêchant la vente des petits oiseaux et des grives, a forcément augmenté le prix des alouettes, dont la chasse au miroir est un plaisir pour quelques amateurs, mais dont la chasse de nuit est un véritable bénéfice pour tous les braconniers. Or il était déjà à peu près impossible, lorsque les alouettes valaient dix centimes la pièce, de les empêcher de parcourir la nuit les campagnes, avec ces filets, qu'on a si justement appelés des draps de mort ; à plus forte raison depuis que l'on ne tend plus, et que l'on ne vend plus de grives.

Cependant, il me semble qu'il doit être impossible de ne pas comprendre que les alouettes qui vivent et qui nichent au milieu des champs, rendent forcément plus de services à l'agriculture que les oiseaux qui vivent et qui nichent au milieu des bois. D'ailleurs, comme le filet de nuit est malheureusement bien connu pour prendre la perdrix aussi bien que l'alouette, on ne doit plus s'étonner maintenant si le nombre du gibier diminue d'une manière effrayante; et cependant la perdrix est aussi un des plus acharnés destructeurs des ennemis de l'agriculture.

Toutes les personnes qui ont étudié sérieusement leur manière de vivre, savent que les compagnies, surtout dans leur jeunesse, font une guerre acharnée aux fourmis et aux insectes, et que plus tard, tant que les céréales ne sont pas en maturité, elles se nourrissent en grande partie des semences des plantes que le cultivateur voudrait voir détruites à tout jamais.

Du peuplier.

Le peuplier était encore plus généralement répandu dans nos contrées, il y a dix ans que de nos jours; et la raison en est que le préjudice qu'il cause aux campagnes, ayant été d'abord évidemment constaté par l'expérience, et qu'ensuite le prix de ses solives ayant plus que doublé, chacun s'est hâté et chacun se hâte encore de l'abattre, dès qu'on peut en tirer un profit sur lequel on était loin de compter.

Le peuplier, comme bien des choses dans ce monde, a, certes, son mauvais côté, mais il a aussi incontestablement son utilité pour l'agriculture, quand on sait l'employer.

Parlons d'abord des avantages : le peuplier peut remplacer avantageusement le sapin dans les bâtiments d'exploitation, à la condition, *sine qua non*, qu'il sera toujours placé au sec, et qu'il ne sera jamais surchargé. Je me suis toujours servi de peuplier à la campagne, dans mes granges, dans mes faux-greniers et dans mes halliers, et je m'en suis toujours bien trouvé.

La solive de peuplier, dans ce temps-là, me revenait à un tiers de celle du sapin, et m'a rendu le même service; il a même l'avantage d'être plus léger. Il est bien entendu que je ne m'en suis jamais servi pour ce que l'on peut appeler des supports de force, et que je ne l'ai employé que pour la charpente ordinaire de toiture, qui est, en définitif, celle dont on a, à beaucoup près, le plus souvent besoin.

Mais si le peuplier a son utilité, il a en revanche de si grands désavantages, que s'il est logique que des particuliers puissent en élever pour leurs besoins, il m'est impossible de comprendre comment le gouvernement, et surtout les communes, en farcissent, pour ainsi dire, leurs routes, lorsque l'administration a reconnu depuis longtemps qu'il cause un véritable préjudice à ses administrés. Je dirai plus, et j'en ai été témoin : elle risque les accidents les plus graves dans le moment des tempêtes, en s'obstinant à propager un arbre aussi redoutable, pour la vie des voyageurs surpris par un orage, par sa facilité à se briser, que nuisible, par ses feuilles et ses racines, à tous les propriétaires qui ont le malheur d'être voisins d'une route ou de chemins communaux.

Dire que le peuplier, est ce qu'on appelle le bois le plus brême, c'est-à-dire le plus cassant que nous possédions en Lorraine, c'est dire une vérité connue de toutes les personnes qui, ont la moindre idée de l'essence des arbres.

Il est impossible de penser à le fendre pour l'utiliser en pesseaux, parce que le bois n'a pas de fils. C'est pourquoi il se casserait si volontiers en charpente si on lui donnait une trop longue portée, et c'est ce qui fait enfin qu'il lui est impossible de résister aux efforts d'une tempête, pour peu surtout qu'il ait un défaut ou une gouttière, qui le livre alors, presque complètement sans défense, aux efforts du vent.

Quant aux feuilles, elles sont considérées depuis un temps immémorial comme un vrai poison pour les terres, au dire de tous les cultivateurs. Quant aux racines, tous les gens de campagne savent que dans les terres légères et surtout dans les sables, elles atteignent souvent en longueur la hauteur même de l'arbre. Je dois expliquer d'abord ici qu'un peuplier ne pivote jamais en terre douce, c'est-à-dire ne demande jamais aucune ressource de nourriture au sous-sol de la terre, quand ses racines peuvent tracer à leur aise et par conséquent s'étendre au loin. J'en ai acquis la preuve, en mesurant plus d'une fois la distance des rejets qui provenaient de ses racines, au corps de l'arbre, et je l'ai bien souvent trouvée au moins aussi grande que le pouvait être la hauteur totale du peuplier. Je dis donc que si *res communa* doit être la véritable dénomination de la commune, tout ce qui nuit aux intérêts des habitants d'un village doit être évité par ceux qui le gouvernent. Car tous les efforts de la charge qu'ils ont acceptée ne doivent tendre qu'au bénéfice de tous, en ayant soin surtout de ne faire tort à aucun.

Par conséquent, pourquoi les administrations communales, ne cherchent-elles pas à remplacer les essences d'arbres de route réellement nuisibles, par d'autres espèces infiniment plus productives pour les revenus de la commune, ou qui parviendraient, dans un temps donné, à pouvoir apporter le même tribut à la caisse communale, sans faire de tort à aucun habitant ?

L'orme, par exemple, qui croît vite, et qui deviendra avant peu de temps si indispensable et pour le charronnage, dont il est une des plus grandes ressources, et pour le chauffage qui devient malheureusement si rare, et dont il est certainement, en France, le premier élément.

Si le peuplier croît vite, l'orme, dans les terres qui lui conviennent, se développe aussi très vigoureusement ; ses solives vaudront toujours, d'ailleurs, plus du double de celles du bois blanc, son chauffage vaut trois fois davantage ; il n'en résulte jamais d'accidents quelles tempêtes il puisse faire ; ses racines et ses feuilles ne font aucun tort aux voisins ;

il y a donc toute utilité pour les communes de remplacer, quand cela est possible, le peuplier par l'orme.

J'en dirai tout autant pour le châtaignier, quelquefois même pour le frêne, mais surtout pour les arbres fruitiers ; et c'est ici que je pourrai parler en connaissance de cause, car peu de personnes peuvent prétendre s'être livrées autant que mon père et que moi à ce genre de production, je dirai plus d'industrie ; par conséquent, peu de personnes peuvent en apprécier aussi sûrement les bénéfices ; et une forte partie de mes arbres fruitiers, se trouvant placés sur des chemins, dont je n'ai jamais interdit l'accès, je me trouve par cela même tout à fait apte à pouvoir en juger les inconvénients. Et bien, je soutiens qu'un kilomètre bordé par deux rangées d'arbres à fruits choisis, peut produire, en moyenne, pourvu que les sujets soient arrivés à une grosseur raisonnable, une somme que je mets au dernier minimum en la fixant à quatre cents francs par an ; sans compter que l'arbre acquiert toujours tous les ans de la valeur.

Quant aux inconvénients, on redoute le bribage. Eh ! bien, j'ai vu chez moi, les mains de bien des passants s'abaisser pour ramasser quelques fruits tombés, afin d'étancher leur soif, mais j'en ai vu si peu s'élever pour cueillir du fruit, qui, cependant pouvait les tenter, que je n'ai jamais cru devoir donner à des gardes, que j'ai cependant, tout à ma disposition, une consigne plus sévère pour la garde des fruits, que pour le reste du service ordinaire.

Certes, je sais mieux que tout autre, qu'il y a malheureusement quelques tristes sujets dans les campagnes, comme il y en a partout; mais je soutiens que, maintenant encore, la grande majorité est fière de pouvoir se flatter de ne faire tort à personne.

Et combien n'ai-je pas vu de chemins communaux, que le défaut de ressources des communes, et surtout le manque d'énergie et d'initiative de ceux qui sont à leur tête, laissent, dans un état déplorable, qui pourraient, s'ils étaient plantés avec un peu d'intelligence et si peu de dépenses, devenir de grandes ressources pour les habitants; et qui, par le respect même qu'on serait obligé d'avoir pour les arbres plantés, seraient transformés en des voies de communications, à peu près praticables, à la place de cloaques, qu'un vieux chasseur comme moi, ose à peine affronter.

Des animaux utiles à l'agriculture. — De la grenouille et du crapaud.

Je suis loin de donner à mes confrères plus de louanges qu'ils n'en méritent; cependant, on est bien forcé d'avouer que l'avenir de l'agriculture dépend de l'observation de ceux qui se livrent à ce bel état; et pour la connaissance des animaux nuisibles ou utiles à l'agriculture, la pratique l'emporte de beaucoup, comme je l'ai déjà dit, sur la théorie. La meilleure preuve que j'en puisse citer, c'est que nulle part jusqu'ici, sauf dans nos campagnes, je n'ai vu aucun agronome sans charrue rendre à la grenouille le tribut de reconnaissance qu'elle mérite, pour les services réels qu'elle rend tous les ans à l'agriculture, au printemps et en été; quoique son compère le crapaud, peut-être à cause de sa difformité, ait trouvé bien des gens qui lui rendent justice.

Parmi les animaux les plus nuisibles à l'agriculture, on doit citer, entre autres, la petite limace des champs et la sauterelle des prairies. Mais, il y a une chose admirable dans la nature, c'est qu'à côté du mal, la bonté du Très-Haut a toujours placé le remède; et si le Tout-Puissant tolère la vermine qui attriste les champs et les bois, sa sollicitude paternelle nous envoie les petits animaux chargés de la détruire. Et ces sauveurs de nos récoltes que, jusqu'à présent, on a trop malheureusement oublié de protéger (*la grenouille et le crapaud*), sont les seuls ennemis redoutables de la limace des blés et de la sauterelle des prés.

Dès que leur frai est fini, la grenouille et le crapaud quittent les ruisseaux et les marécages, pour s'éparpiller dans les campagnes et s'acharner à la destruction des rongeurs de nos récoltes.

Les horticulteurs intelligents, principalement ceux des environs de Paris, comprennent tellement bien les services que rendent les crapauds, qu'ils regardent comme un bienfait l'apparition d'une de ces bêtes répugnantes dans leurs jardins, et qu'ils la propagent autant qu'il leur est possible.

Pourquoi donc priverait-on l'agriculture du secours des animaux qui la protégent le plus? D'ailleurs, je ne suis point docteur, mais il semble, à mon simple bon sens, que la chair de grenouille qui vient d'être fatiguée par le frai, et qui ne s'est guère nourrie tout l'hiver, ne doit pas être une nourriture aussi saine que lorsqu'on peut la reprendre, à la fin de l'automne, engraissée par le grand air qu'elle a respiré à son aise, et par les milliers d'insectes qu'elle a dévorés, en faisant tant de bien sur son passage. Et enfin, comme il est logique que plus on en prend au printemps, moins on en prendra en automne, on fait donc par là un double mal, c'est de priver d'abord l'agriculture d'un grand secours, et de livrer ensuite à la consommation une fort triste nourriture, quand on serait sûr, plus tard, d'en trouver une meilleure et infiniment plus abondante.

Je recommanderai ici, en passant, aux cuisinières et ménagères qui, sont un peu trop amateurs de grenouilles du printemps, d'avoir soin de se les faire délivrer vivantes, et de tâcher de s'y connaître, parce qu'il est si facile alors de confondre les grenouilles avec leurs compères, surtout quand ils sont dépouillés, qu'elles pourraient bien faire avaler à leurs maris ou à leurs maîtres, le plus beau plat de crapauds, mets qui, si je ne me trompe, n'a jamais été prôné par M. de Béchamel, ni même par la cuisinière bourgeoise.

Enfin, ce que je reproche à la pêche de la grenouille, au printemps, c'est la destruction du frai ; on se sert généralement, pour prendre ces pauvres bêtes, de la trouble ou du grand râteau de fer ; l'un et l'autre jettent sur le terrain le frai qui se dessèche et ne peut pas produire. Combien de millions d'humbles aides agricoles ne sont-ils pas perdus par la négligence des pêcheurs ?

La loi protége le frai du poisson qui n'est utile qu'à la consommation ; pourquoi ne protégerait-elle pas le frai des grenouilles, qui peut servir, à la fois, à l'utilité de l'agriculture, et à nourrir les populations ?

Il faut espérer qu'un jour viendra, où, au lieu d'aller chercher si loin, et d'élever à tant de frais toutes ces bêtes étrangères, dont on prend tant de soin, et qui presque toujours, dans notre pays, sont incapables de rendre aucun service, on s'attachera à propager et à protéger nos plus utiles auxiliaires, qui n'ont qu'un seul défaut, et qu'on ne pardonne guère en France, celui d'avoir un mérite qui peut être connu de tous.

Du renard.

Enfin, je demande encore grâce, s'il est possible, surtout dans certaines localités, pour un bandit, un pirate, soit, mais qui bien souvent fait, sans le savoir, un grand bien aux récoltes, je veux parler du renard.

Dans les petits bois entourés de plaines, combien détruit-il de souris et de taupes? Toute personne qui a voulu regarder attentivement les abords d'un terrier habité par une renarde et sa progéniture, peut s'assurer de la guerre acharnée que la mère livre aux rongeurs, pour la nourriture de ses petits. D'ailleurs, le vieux proverbe : « Année de souris, année de lièvres, » prouve que les renards, trouvant une proie sûre et facile, s'acharnent nécessairement moins après le gibier qui, quoi qu'on en dise, échappe heureusement très souvent à leur poursuite, voire même à leurs piéges. Que les chasseurs donc cherchent à les faire détruire dans les grandes forêts, où ils ne peuvent causer que du mal; soit, mais, dans les bois isolés, la capture d'une nichée de renards est regardée, par les vrais cultivateurs, à peu près du même œil que la perte d'une famille d'un de leurs meilleurs chats.

Du tabac.

La plantation du tabac est une spéculation qui date de trop peu de temps dans notre vieille Lorraine, pour que je veuille l'apprécier complétement à fond ; et mon intention, dans ce que j'écris, n'étant pas d'apprendre sa culture que tout le monde connaît, je ne parlerai donc seulement qu'en gros de ce qui m'a semblé être ses inconvénients ou ses avantages. D'abord, il me semble ne pouvoir convenir, sous aucun point, à la grande culture, à cause des soins trop minutieux qu'il réclame ; j'en parlerai donc simplement sous le rapport de l'ouvrier ou du bon propriétaire de campagne.

Le tabac peut donner un bon produit, pourvu que l'année soit favorable, et surtout qu'on veuille bien le payer (n'oubliez point, je vous prie, ce dernier cas qui est l'essentiel), car on est obligé de livrer sa marchandise, sans aucune réclamation possible, au bon vouloir de l'administration.

L'ouvrier de campagne, s'il a une grande famille, peut trouver un bénéfice en plantant du tabac, soit dans ses terres, soit à moitié, s'il peut trouver surtout à pouvoir loger convenablement ses feuilles, parce qu'il peut employer tous ses enfants au nettoyage, qui est une des principales et surtout une des importantes besognes; et que se trouvant au milieu de sa famille, il peut surveiller plus que tout autre cette essentielle opération.

Mais pour quiconque est obligé d'employer des étrangers, le jeu, selon moi, n'en vaut pas la chandelle, à cause de tous les ennuis et de toutes les entraves que l'administration apporte à ce genre d'exploitation. D'abord une fois votre demande faite, vos pieds de tabac plantés, vous n'êtes plus en quelque sorte que les serviteurs de l'administration, et tout dépend pour vous de la bonne volonté de ceux qui vous inspectent. Ensuite, si vous avez des réclamations à faire, pour improduction, grêle, trombe, que sais-je? Combien ne faut-il pas de démarches, de temps perdu et de supplications? Et puis enfin, au bout du compte, quand un cultivateur est parvenu à faire produire à sa terre de la marchandise, il est bien aise, quoi qu'on en dise, de pouvoir en discuter la qualité et le prix, chose toujours impossible avec l'administration.

Voilà pourquoi, tout en étant loin de blâmerle Gouvernement de faire surveiller avec le plus grand soin une des branches principales de ses ressources, et qui me semble une des plus raisonnables, car elle ne frappe que la fantaisie, je ne planterai probablement pas de tabac, tant qu'on n'aura pas cru devoir modifier les exigences que cette culture nous impose.

Du houblon.

Ce genre de culture est connu depuis bien longtemps en Lorraine, mais il était peu pratiqué jusqu'à ce que de magnifiques bénéfices, obtenus par quelques personnes qui s'y livraient, ont donné l'éveil à l'industrie de nos campagnes, qui travaillent aujourd'hui avec une sorte de rage à la plantation du houblon.

Les meilleures vignes, les plus beaux vergers, sont sacrifiés dans l'espoir d'un bénéfice énorme, mais, que malheureusement on ne tient pas encore; car, si partout on suit l'exemple de quelques-unes de nos communes, le houblon deviendra tellement abondant, que les spéculateurs ne le regarderont plus; et qu'après avoir fait des dépenses considérables (car cela coûte cher de planter et surtout de percher vingt ares de houblon), nos petits propriétaires, après avoir perdu, pendant quelques années, les récoltes de leurs terrains, en reviendront, l'oreille basse et le cœur bien gros, à se voir obligés de replanter, le plus vite possible, et leurs vignes, et leurs vergers.

Je plante du houblon, parce que j'ai dans mon exploitation même, mes perches qui, en sont la plus lourde dépense ; mais si j'étais obligé de les acheter, je n'hésite pas à dire que, dans ce moment-ci, du moins, je ne m'en occuperais pas.

J'ai une autre raison, d'ailleurs, qui m'engage à planter du houblon dans les conditions où je me trouve ; c'est que j'ai la conviction que, malheureusement, il y aura bien des déboires pour les pauvres planteurs, à cause de la trop grande quantité de marchandises. Or, j'ai toujours remarqué que, dans notre pays, on se dégoûtait aussi vite d'une spéculation qu'on s'en engouait facilement.

Que le houblon subisse, seulement pendant deux ans, une baisse considérable, comme cela est probable, vous verrez presque tous nos campagnards se hâter d'arracher leurs houblonnières et de brûler leurs perches, comme ils se sont peut-être trop hâtés de les planter; et ceux qui auront pu subir cette crise arriveront, quelques années après, en conservant leurs houblonnières, à récupérer grandement les pertes de quelques années infructueuses.

Un conseil que je donne en passant, c'est de s'occuper principalement d'abord, pour une jeune houblonnière, du défoncement, qu'il faut soigner avec la plus scrupuleuse attention, et en second lieu, de choisir de bon replant dans des houblonnières qui ne soient pas trop vieilles. On aurait à se repentir gravement, dans la suite, d'avoir manqué d'attention pour leur choix.

Quant aux perches, j'indiquerai dans un petit ouvrage que je me propose d'écrire sur les forêts, les essences qu'il faut choisir de préférence, en indiquant les qualités de chaque espèce de bois.

Des chemins ruraux, des trois saisons et des échanges.

Une des grandes plaies de l'agriculture est, comme je l'ai déjà dit, l'absurde et fatale coutume des trois saisons; comment la faire disparaître? Il n'y a, selon moi, qu'une seule manière; c'est par l'augmentation des chemins d'exploitation. Et pour arriver à ce que chacun puisse faire valoir sa propriété en pouvant y aborder en tout temps, il faut, de toute nécessité, arriver à diviser la propriété le moins possible, au moyen des échanges.

Il est bien reconnu que le trop grand morcellement des terres est un des fléaux de l'agriculture : que de temps perdu pour le cultivateur, d'être obligé de courir de pièces en pièces, qui ne contiennent que quelques ares, et qui sont souvent fort distancées l'une de l'autre; que de semence et de récoltes perdues; combien de pâtures dont on ne peut pas profiter, parce qu'il serait à peu près impossible d'y conduire le bétail, malgré toute la surveillance possible, sans risquer de nuire à autrui; que de sujets de disputes devant le Juge de paix, pour tâcher de défendre sa propriété des anticipations d'un voisin trop avide; que de causes enfin, par conséquent, de haine entre les particuliers, et quelquefois entre les familles!

Je ne finirais pas si je voulais énumérer tous les inconvénients agricoles du trop grand morcellement de la propriété. Le seul remède qu'on puisse y apporter c'est l'échange. Que chacun soit assez honnête homme, pour ne rechercher, en échangeant son bien, qu'une valeur égale à celle qu'il abandonne ; que chacun soit assez loyal, pour ne demander comme bénéfice que l'amélioration de sa propriété par la réunion des pièces et l'avantage évident qu'on en retire, alors, vous arriverez plus facilement à l'établissement des chemins d'exploitation, puisque chacun y trouvera un avantage plus considérable ; et l'agriculture se trouvera sauvegardée de la fatale nécessité de suivre, dans bien des communes, l'ancienne coutume des trois saisons, qui n'a été établie, par nos pères, que faute de communications. Mais, que peuvent faire pour l'avenir ces quelques lignes que la raison me dicte, si le Gouvernement d'un côté, et les Sociétés d'agriculture de l'autre, ne viennent en aide aux braves gens, en encourageant et en favorisant de tout leur pouvoir les échanges, une des pierres fondamentales de l'agriculture ; car il y a trois choses qui empêchent et qui empêcheront toujours cette grande amélioration agricole : la première, c'est le prix exorbitant que coûte un changement de propriété. Je sais bien que le Gouvernement est entravé dans sa bonne volonté par tous les abus qu'on peut en faire ; mais, parce qu'il peut y avoir en France quelques personnes à conscience peu délicate, faut-il que tous les honnêtes gens en souffrent? Pourquoi ne pas laisser à la probité et à l'initiative intelligente toutes les marques de la sympathie du Pouvoir, et ne pas punir assez sévèrement tous ceux qui cherchent la fraude, pour que d'autres ne soient pas tentés de recommencer?

On a beau dire ! frauder le Gouvernement, c'est voler son prochain. Car, comme il faut en définitif que les dépenses de l'Etat soient soldées, toutes les fois que vous vous serez soustrait, d'une manière indélicate, aux lois qui nous régissent, et que tous les honnêtes gens acceptent, vous en ferez nécessairement payer d'autres à votre place, parce qu'il faut que les vides du budget se remplissent ; et vous n'aurez fait ni plus ni moins que voler votre prochain, car vous le forcerez ainsi de payer pour vous.

La seconde cause de la difficulté des échanges provient de l'apathie et du peu de soin que bien des propriétaires apportent à leurs affaires, et surtout de la mauvaise volonté de leurs fermiers : nous avons toujours loué nos fermes comme elles sont, disent-ils, je ne vois pas pourquoi, nous ne les louerions pas toujours de même? Il faudrait changer nos déclarations, modifier nos titres, payer des sommes considérables pour des avantages dont nos fermiers ne veulent nous tenir aucun compte, et qu'ils n'ont pas même l'air de désirer. Nous serions bien fous de dépenser notre argent, et de nous donner tant de mal pour des améliorations dont nous ne retirerions aucun profit.

Cette façon de parler est, malheureusement, trop souvent la véritable, et toute la faute en vient presque toujours des cultivateurs qui ne veulent pas comprendre assez combien serait grand, pour eux, l'avantage des échanges; et qui malheureusement trop souvent s'y opposent, avec une obstination absurde, parce qu'un confrère, qu'ils jalousent, pourrait y trouver un avantage aussi grand que le leur.

Enfin, la troisième cause de la difficulté des échanges se trouve chez les petits propriétaires. Dès qu'ils arrivent à être possesseurs d'un champ, immédiatement ce terrain a pour eux doublé, triplé de valeur, et comme presque toujours, ils ont soigné avec infiniment plus d'intérêt et de courage le champ qu'ils ont acquis, que le fermier n'a fait de ceux qu'il a loués, surtout pour des baux de courte durée ; il s'ensuit presque toujours que le champ du manœuvre, du petit propriétaire, vaut généralement mieux, pour le moment, que le champ du fermier, son voisin, et qu'il l'estime surtout à deux ou trois fois au-dessus de sa valeur.

Tout le monde sait, que le Grand Frédéric n'a pas été capable de venir à bout d'acheter, ni d'échanger avec l'entêté meunier du moulin Sans-Souci.

Il n'est donc pas étonnant, qu'avec toute la bonne volonté possible, bien des propriétaires ne puissent pas s'entendre dans l'intérêt commun, et malgré une soulte raisonnable (le cas échéant) avec leurs voisins, qui sont souvent loin, peut-être, d'être marchands de farine ; mais qui trop souvent aussi, sont encore plus entichés de leurs propriétés, que ne l'était jadis le meunier de Sans-Souci.

Des constructions et des réparations.

Il faut, pour placer son argent d'une manière convenable, à ce que j'entends dire de tous côtés, qu'une ferme puisse rapporter trois pour cent du prix qu'elle a coûté. Certes, je suis de cet avis; mais la plus grande difficulté pour beaucoup de personnes, est d'arriver à ce résultat; et si l'on veut chercher les causes qui l'empêchent, on en trouvera deux principales : les réclamations journalières des fermiers, et surtout les réparations.

Au mot de réparation, il y a bien peu de propriétaires qui ne frissonnent; parce que le grand Sancho disait; qu'échaudé craint l'eau froide, et que Sancho avait souvent raison.

Prenez deux bâtiments de ferme d'une charrue, je suppose, appartenant l'un, à un propriétaire cultivateur, s'occupant lui-même de ses affaires, et l'autre à un propriétaire citadin ; supposons encore que ces deux fermes aient toutes deux les mêmes avaries à réparer, les mêmes améliorations indispensables à faire. Quelle en sera la différence de prix?

Le propriétaire cultivateur ne paiera jamais plus de vingt-cinq francs ce qui coûtera toujours cent francs à son confrère de la ville. Pourquoi? parce que le premier surveillera lui-même ses travaux, fera autant que possible, resservir tout ce qu'il sera forcé de changer ou d'abattre ; qu'il ne pensera qu'à faire les constructions les plus simples et, en même temps, les plus commodes, et qu'il ne lui viendra jamais dans l'esprit de sacrifier l'utile au brillant. En un mot, il s'attachera à ce qui est nécessaire à l'agriculture, c'est vrai ; mais, il cherchera surtout, à ce que ses constructions soient faites de la manière la plus solide, la plus durable, mais en même temps avec la plus stricte économie.

C'est lui-même qui se procurera tout ce qui lui sera nécessaire, en tailles ou en solives, et ce ne sera pas faute de marchander et de s'enquérir de tous côtés, s'il ne les obtient pas au meilleur marché. Il ne craindra pas de nourrir les ouvriers, de les avoir à la journée ou de marchander l'ouvrage au mètre, s'il peut penser y trouver un léger bénéfice.

Enfin, il fera produire le meilleur résultat possible à l'argent qu'il sera obligé de débourser.

Le propriétaire citadin qui, malheureusement, les trois quarts du temps, n'entend pas le premier mot aux constructions agricoles, confiera immédiatement ses travaux aux soins d'un architecte qui, malheureusement aussi, a oublié d'être cultivateur.

Le premier soin de l'architecte est de donner un plan, de former un devis sur lequel, nécessairement, l'entrepreneur doit gagner une forte somme ; ce plan est-il toujours d'accord avec les besoins réels de l'agriculture? C'est difficile, pour ne pas dire presque impossible ; car l'idéal du cabinet est l'ennemi mortel du positif de la pratique ; et il y a malheureusement bien peu de plans que l'on présente aux propriétaires, où l'idée d'un progrès, un peu trop avancé, ne perce toujours.

Etablir une écurie, élever une construction sans donner quelque chose à l'élégance, est-ce possible à des personnes qui ont étudié de si beaux modèles? Franchement, j'avouerai que je conçois que ces messieurs, qui ont passé une partie de leur vie à l'étude des chefs-d'œuvre, doivent se trouver naturellement éloignés de ce terre-à-terre, de l'agriculture, qui ne doit avoir d'autre règle, dans ses constructions, que l'espace que l'on doit donner à chaque bête, le cube d'air qu'elle doit pouvoir respirer, pour se bien porter dans une écurie, et enfin la dimension et la forme des bâtiments, à calculer seulement sur les commodités et les produits possibles de la ferme.

Un architecte de ville, à qui sont confiées les réparations d'une exploitation, peut-il être, d'ailleurs, continuellement présent pour inspecter la qualité de toutes les fournitures qu'un entrepreneur emploie ? Peut-il vérifier si le chêne n'a pas été écorcé, si le sapin n'a pas été coupé dans sa sève, si les planches employées sont convenablement sèches? Pourra-t-il tirer avantage, pour un propriétaire, des pierres, du sable, des bois de construction dont on pourrait se servir encore ou qui peuvent se trouver dans la ferme? Obtiendra-t-il de l'entrepreneur que des anciens planchers, je suppose, soient arrachés avec assez de précautions pour pouvoir servir pour des plafonds et des séparations? Pourra-t-il rester continuellement sur place, pour vérifier si quelques pièces de charpente peuvent encore servir, si quelques travures sont encore bonnes, si de vieilles tailles sont susceptibles d'être retaillées, pour refaire des portes neuves, ou seulement des croisées d'écuries? C'est une tâche qu'il est impossible de lui imposer ; et l'entrepreneur, nécessairement, livré à lui-même, pour pouvoir aller plus vite, fera tout briser par ses ouvriers, ou s'il se donne la peine de conserver quelque chose, c'est qu'il y trouvera son avantage, en l'employant à son profit.

Et voilà pourquoi toutes les constructions faites par un propriétaire citadin auront toujours un cachet artistique, seront moins commodes, moins solides et de moins de durée ; mais qu'elles auront toujours l'avantage de coûter quatre fois plus cher que celles du propriétaire campagnard.

De l'exploitation des forêts considérée sous le rapport des besoins agricoles.

Certes, je suis loin d'approuver le triste spectacle qu'une maudite théorie, et qu'une rage de jouir, plus maudite encore, nous offrent de tous côtés dans les coupes de nos bois ; mais c'est sous le rapport de l'agriculture, que je déplore plus encore, la ruine de nos forêts. Tout le monde est obligé de se chauffer et de bâtir, le citadin, comme l'habitant des campagnes; mais le cultivateur est forcé, en outre, par les exigences de sa position, d'avoir recours au bois de charronnage et de pesseaux devenu si rare, et par conséquent si cher, de nos jours. Croit-on que c'est encourager l'agriculture, que de la forcer à payer le triple, le quadruple peut-être, les instruments indispensables à toute exploitation, ou les échalas de ses vignes.

Croit-on que c'est réellement faire le bien d'une commune, que de la faire jouir pendant quelque temps de revenus plus considérables, pour la laisser retomber, quelques années après, dans une pauvreté relative, qu'elle ne pourra conjurer que par des centimes additionnels, ou par des ventes qui l'appauvriront toujours de plus en plus.

Lorsqu'une commune se trouve accidentellement à la tête d'un plus grand revenu, n'est-elle pas tentée de l'employer à des constructions qui flattent naturellement l'orgueil des habitants, mais, dont on ne pense pas qu'on devra supporter les charges.

Si une municipalité a déjà bien du mal de faire honorablement face au courant ordinaire de ses dépenses, comment voulez-vous que plus tard, elle puisse raisonnablement en venir à bout si les charges augmentent et que les revenus diminuent? Il faudra donc encore, forcément, revenir, comme je viens de le dire, à des ventes désastreuses, ou à un véritable impôt pour l'agriculture, et dont tous les gens raisonnables ne pourront accuser que ceux qui auront prêté leurs concours pour laisser abuser des ressources des communes.

Quant au charronnage et au bois de pesseaux, encore une fois, il sera bientôt tellement hors de prix, que je conseillerai à chaque propriétaire de tâcher de se créer des ressources dans chaque exploitation, en sacrifiant quelques coins de terre pour planter du saule, de l'orme, du châtaignier et de l'acacia, je n'ose dire du chêne (parce qu'il est trop long à venir), et je ne puis malheureusement le conseiller aux fermiers, parce que les baux sont, presque toujours, d'une trop courte durée, à moins, toutefois, qu'ils ne puissent s'entendre avec leurs propriétaires, et arriver par là à l'avantage de tous les deux.

De l'irrigation des prairies.

Quiconque s'est occupé sérieusement de l'agriculture lorraine a dû remarquer, comme moi, que plus on s'éloigne des montagnes, plus on s'occupe de la culture des terres arables, en négligeant les prés, et que plus on revient vers les Vosges, plus on voit donner aux prairies les soins qu'elles méritent à si juste titre.

Il est facile d'en comprendre la cause ; c'est que dans les plaines, les cultivateurs s'attachent, presque toujours, à faire produire, à leurs belles corvées, les meilleures productions de céréales possible, et, que d'ailleurs étant sûrs d'obtenir, presque toujours, de la luzerne, du sainfoin, du trèfle ou de la minette, les prés sont moins estimés, parce qu'ils sont moins nécessaires.

Mais, dans la montagne, où toute la ressource des cultivateurs se trouve souvent confinée au bétail, et où les prairies artificielles ne peuvent s'obtenir, ou du moins ont un succès fort aventureux, les habitants et les fermiers s'adonnent, forcément, à l'amélioration de leurs prés, qui sont en réalité leurs véritables ressources.

Il n'en est pas moins vrai, que les laboureurs de la plaine ont le plus grand tort, de ne pas s'occuper davantage de leurs prairies, et surtout de celles qui sont irrigables, car tout calculé, quelque mal soignées qu'elles soient en général, elles rapportent encore plus aux fermiers et aux propriétaires que les terres arables, et surtout elles ne coûtent aucuns frais annuels d'ensemencement et de culture ; et quand on a l'avantage d'avoir de bonne eau à sa disposition, elles fournissent toujours une récolte assurée, tandis que les prairies artificielles peuvent manquer par les gelées ou la sécheresse.

Je n'ai vu nulle part, sauf quelques exceptions assez rares, l'irrigation aussi bien étudiée et aussi bien mise en pratique que dans les Vosges, et surtout, ce qui est, selon moi, l'essentiel, les travaux nécessaires à son succès, faits avec autant d'intelligence et d'économie.

Un fossé principal, des rigoles, pour diriger l'eau partout où elle est nécessaire, et enfin les portières suffisantes pour la laisser pénétrer ou l'interdire dans la propriété, voilà où se bornent généralement les travaux indispensables.

Il y a quelques personnes qui n'ont pas

craint d'établir de véritables canaux de plusieurs kilomètres de longueur, pour tenter de vivifier des graviers incultes. Je désire de tout cœur qu'elles puissent réussir, car l'initiative d'amélioration est toujours une belle chose ; mais les frais de ces travaux sont quelquefois tellement élevés, qu'il faut un bien beau résultat pour qu'ils puissent être couverts.

C'est surtout dans la haute montagne, qu'il faut remarquer l'intelligence de l'irrigation, à laquelle, d'ailleurs, est confié le purin de la marcairie, et où tout est employé à l'amélioration des prés, jusqu'à la dernière goutte d'eau, quand elle est bonne, bien entendu, car toutes les eaux ne sont pas également bonnes pour faire venir le foin, et il y en a même, qui seraient nuisibles, si elles n'étaient détournées par l'expérience.

L'eau dure, âcre, dont le goût est antipathique aux animaux, est presque toujours nuisible aux prairies. L'eau des bonnes sources, des ruisseaux qui recueillent l'égout des champs, celle surtout qui nettoie les rues du village en recevant l'égout des fumiers, fait merveille dans les prés, et j'en connais de tellement bien posés qu'on peut y faire quatre ou cinq coupes. L'herbe, il est vrai, alors, n'en est bonne qu'en vert; mais quel avantage immense pour un cultivateur de posséder un pareil produit.

En Champagne, où nombre de prairies sont des anciens étangs, les laboureurs ont la mauvaise habitude d'amasser les eaux, souvent pendant quinze jours, et davantage, sous prétexte de les faire déposer ; c'est un grand tort : rien ne peut nuire davantage pour la bonne herbe, et rien ne contribue plus à la propagation des lèches et du roseau.

Il faut que l'eau coule doucement sur la prairie, et qu'elle y dépose ainsi naturellement l'engrais dont elle est chargée ; son passage est, alors, toujours utile à la végétation de la bonne herbe des prairies ; mais sa stagnation lui est presque toujours fatale.

Quant à tous les instruments que l'on a inventés pour l'irrigation, aucun ne peut rivaliser avec la main de l'homme, la hache des prés et la bêche allongée, surtout pour les prairies de peu de contenance. Et moi aussi, j'ai essayé, pour cela, d'un produit de mon imagination, et de ceux de bien d'autres ; mais décidément, j'ai dû mettre mon orgueil d'inventeur de côté, devant l'évidence, et jusqu'à présent, aucune machine, pour les rigoles, comme pour bien d'autres travaux, ne peut égaler les deux bras d'un ouvrier intelligent.

Des octrois.

Je serais bien loin de conseiller à la campagne de se mêler des affaires des villes, si elle n'en subissait pas les conséquences, et, comme on le dit vulgairement, si elle ne payait pas les pots cassés. Quand une ville augmente ses octrois, qui en profite? La ville un peu, et les bouchers, les marchands de vin et autres, beaucoup. Qui en pâtit ? L'agriculture et les consommateurs.

Mais, je crois devoir faire observer que si le citadin paie ses fournitures un peu davantage, il a une certaine compensation dans l'embellissement de sa cité, dans les cavalcades ou les feux d'artifices qu'on lui offre, et enfin, dans les banquets où l'on boit, le plus énergiquement possible, à sa bonne santé.

Mais, pour le pauvre campagnard, quelle compensation peut-on lui offrir? Le droit peut-être de quitter son travail, et de faire nombre de kilomètres pour jouir des fêtes publiques, et le droit, surtout, de laisser dans les cafés et les cabarets, et son argent et, trop souvent, sa raison.

Prenons un boucher, par exemple ! Dans le cas où une ville croit devoir augmenter ses impôts, sa première parole au producteur sera celle-ci : on nous augmente nos charges, nous ne pouvons plus vous payer votre marchandise au prix que vous la vendiez auparavant, puisqu'en entrant (à Nancy, je suppose) nous sommes obligés de payer bien davantage nous-mêmes, et que nous risquerions de perdre sur nos achats. Aux bonnes ménagères, qui se disputeront, et avec raison, pour ne pas payer davantage de la viande déjà trop chère, ils ne manqueront pas de dire : est-ce notre faute, si les personnes que vous avez choisies pour surveiller vos intérêts pensent qu'il est de leur devoir, de vous faire payer la vie un peu plus cher? Nous ne pouvons faire raisonnablement que l'avance que l'on exige de nous, d'un octroi plus élevé des bœufs, des veaux ou des moutons; et il est tout naturel que vous nous remboursiez l'argent que nous avons été forcés d'avancer pour vous, en payant davantage l'entrée du bétail.

Si la différence d'octroi s'arrêtait à une seule localité, il est certain qu'avec les facilités de communication, l'agriculture pourrait encore, jusqu'à un certain point, se défendre contre l'exigence de la spéculation ; car enfin, si elle était obligée de perdre un de ses débouchés importants, elle pourrait encore, à force d'énergie, parvenir à en trouver d'autres. Mais si la principale ville d'un département donne le fâcheux exemple d'augmenter les charges de ses administrés, pourquoi les autres villes n'imiteraient-elles pas l'exemple de la capitale? Et ne chercheraient-elles pas aussi à augmenter leurs revenus? Il me semble logique que l'autorité supérieure ne saurait refuser, sans de graves raisons, à une ville, qui a moins de ressources, des avantages qu'elle accorderait à sa voisine qui est plus florissante ; c'est alors ce qui amènerait la ruine des campagnes, car le cultivateur ne peut guère s'occuper de chercher des débouchés pour son bétail, pour sa laiterie, pour sa basse-cour, en dehors de son département.

Pourquoi donc, puisque, je l'espère, je viens de prouver que la question des octrois intéresse tout le monde, ne serait-elle pas soumise aux décisions des Conseils généraux ? Les villes pourraient leur exposer leurs besoins, et la campagne toutes ses réclamations ; et ces Messieurs, nommés par les habitants des villes et par ceux des villages, ne doivent-ils point être les juges naturellement impartiaux des questions qui peuvent diviser ceux qui les ont choisis ; et ne serait-ce pas une grande sécurité pour l'agriculture, que d'être sûre que son avenir repose sur la décision des personnes en qui elle a eu assez de confiance pour les placer, conjointement avec le suffrage des villes, à la tête du département?

De l'éducation des campagnes.

Anciennement, savoir lire, écrire, compter et avoir quelques notions d'arpentage, suffisait grandement aux cultivateurs ; avec ces simples notions, ils pouvaient apprendre la sublime législation de l'Evangile, qui les rendait honnêtes gens, et pouvaient connaître encore assez les lois les plus usuelles pour défendre convenablement leurs intérêts.

Aujourd'hui, que la facilité des communications a rendu les échanges commerciaux si faciles entre les diverses nations qui peuplent le monde, il est, je crois, de toute nécessité pour l'agriculture d'ajouter à l'éducation primitive de ses enfants l'étude de la géographie et même un peu d'histoire.

Il faut qu'un cultivateur puisse se donner des idées aussi justes que possible des distances et de la facilité de les parcourir ; il faut surtout que la connaissance du véritable caractère des autres peuples enlève bien des préjugés absurdes qui règnent encore en France, faute d'éducation.

Il n'y a pas bien longtemps qu'il y avait encore chez nous des rivalités de villages à villages. Peut-être un jour, Dieu voudra-t-il permettre que les malheureuses rivalités de peuples s'éteignent ; que les braves gens de tous les pays se tendent enfin la main, non parce qu'ils sont Français, Russes, Espagnols, Anglais, que sais-je, mais tout simplement parce qu'ils sont honnêtes gens.

Mais, pour parvenir à ce résultat sublime, il n'est qu'un seul moyen, c'est d'arriver à faire raisonner nos campagnes comme nos villes, de la manière la plus loyale possible ; pour cela ne leur confier que des livres réellement impartiaux, et, surtout, exiger que ceux qui sont chargés de les interpréter devant ces jeunes intelligences, ne cherchent jamais à tronquer la vérité, fussent-ils même guidés par un sentiment d'orgueil national.

Eviter l'exagération dans le service de Dieu, certaiement c'est le faire aimer davantage; éviter l'exagération dans l'histoire des peuples, c'est le seul moyen d'arriver indubitablement à faire aimer son prochain; admirable mission du prêtre et de l'instituteur.

Bien des personnes voudraient encore ajouter à l'éducation des jeunes gens de la campagne quelques notions de botanique et même de chimie; je crois que donner seulement quelques notions aux campagnards, est tout à fait inutile, pour ne pas dire nuisible, à moins qu'on n'ait le bon sens de se borner à un enseignement purement pratique.

Le cultivateur ne connaît guère, j'en conviens, les noms grecs ou latins de toutes les plantes qui se trouvent sur sa ferme; mais il y en a bien peu dont il ne connaisse à fond les avantages qu'il peut en tirer, ou les inconvénients dont il doit se garer.

L'étude des plantes usuelles se bornerait donc, pour lui, à apprendre quelques mots ronflants, qu'il aurait un mal terrible à étudier, et que régulièrement il oublierait au bout de quelques mois ; ce qui me paraît donc tout à fait inutile, puisqu'il est forcé, par son état même, de connaître infiniment plus à fond que tous les livres de botanique, l'avantage qu'on peut tirer d'une plante, et surtout la manière de s'en servir.

Quant à l'étude des diverses terres qui composent le sol de la ferme qu'il cultive, certes, le savant apprendrait au cultivateur le nom scientifique des diverses zones, et leurs attributs théoriques ; mais, à son tour, le cultivateur apprendrait beaucoup au savant, pour la manière dont on peut en tirer le meilleur parti, et par conséquent, dans l'éducation de la campagne, puisqu'on doit avant tout, chercher l'utilité pratique de la science, je dis qu'en fait de botanique et de chimie agricole, on pourrait choisir quelques savants comme professeurs, mais qu'il serait de toute nécessité de leur adjoindre quelques vieux cultivateurs.

Enfin, je dis que l'éducation des campagnes ne doit avoir pour but que de chercher à développer tous les bons sentiments, en même temps que l'intelligence. Malheureusement, en France, si beaucoup d'écrivains ont voué leurs travaux à tâcher de faire le bien, quelques autres ont cherché leur renom et la fortune en tâchant de faire le mal ; et comme leurs écrits sont naturellement plus attrayants que ceux de la saine morale, et qu'un mauvais livre a toujours fait dix fois plus de mal qu'un bon livre ne peut faire de bien , quand donc verrons-nous, dans notre belle patrie, et dans le seul but d'arriver à faire de tous ses enfants des hommes dont elle puisse s'honorer, interdire tout écrit qui renie la puissance divine, tous livres, qui foulent aux pieds les devoirs de la famille, et qui n'attaquent la propriété que parce que leurs auteurs ne veulent pas apprendre ce que coûte de sueur à un brave ouvrier de la campagne, le champ qu'il ne doit qu'à son travail et à ses privations ?

Enfin, pour en terminer, avec l'éducation campagnarde, l'une des bases principales, en fait d'agriculture, de l'avenir de mon pays, permettez-moi de déplorer que ce soit encore la théorie qui dirige, et que la saine pratique soit si peu consultée. Je ne puis m'empêcher de rire quand je vois tous ces Messieurs qui ne sont guère sortis de leurs cabinets, vouloir forcer les maîtres d'école à donner à leurs jeunes élèves des leçons d'horticulture ou d'agriculture, science dans laquelle les vieux cultivateurs avouent qu'ils se trompent encore tous les jours, et là, où les plus fins jardiniers commettent souvent tant de bévues. Il n'est qu'un seul maître au monde pour l'agriculture, c'est la pratique et l'expérience ; et ce n'est certes pas en enfermant des jeunes gens toute une année que vous leur en ferez acquérir.

D'ailleurs, l'ouvrier de campagne a nécessairement plus de connaissances en agriculture que les trois quarts et demi des maîtres d'école, et que tous les agronomes de cabinet ensemble, car le rendement de la terre est son unique préoccupation. Pourquoi donc ne pas confier aux pères de familles, l'éducation pratique, qu'ils accompliraient nécessairement toujours avec plus de dévouement pour leurs enfants que ne peut le faire un étranger ? Pourquoi dégoûter les jeunes élèves des rudes travaux des champs en les empêchant pendant plusieurs années successives d'y prendre part? Pourquoi priver du grand air de l'été ces enfants qui, nécessairement, s'étiolent comme s'étiolent toutes les plantes quand elles manquent de de soleil? Pourquoi priver enfin une pauvre famille de l'aide de ses enfants dans le moment où elle en a le plus besoin ? Si tous ceux qui dirigent l'éducation des campagnes avaient voulu s'initier à leurs besoins réels, ils auraient bien vite compris que huit mois de l'année suffisent largement, quand ils sont convenablement employés, à l'éducation scientifique d'un cultivateur, et que les quatre autres mois, c'est-à-dire environ depuis le quinze juin jusqu'au quinze octobre, devraient être employés aux travaux agricoles qui sont alors les plus urgents. En aidant ainsi les familles, trop souvent embarrassées pour rentrer leurs récoltes faute de secours, quelque faibles qu'ils puissent être, l'on procurerait en même temps le développement physique de cette pauvre jeunesse, qui, comme je l'ai dit, s'étiole nécessairement, enfermée en si grand nombre dans les écoles communales, et qui ne demanderait qu'à croître et à se fortifier sous l'influence souveraine du soleil du bon Dieu.

Ma conviction intime est que le décroissement de nos races de campagnes provient d'abord des usines que l'industrie propage en si grand nombre ; mais que les classes communales, pendant les grandes chaleurs d'été, en sont malheureusement la seconde cause. Faites travailler vos jeunes gens à leur instruction théorique pendant l'hiver, le printemps et l'automne; mais, cherchez à en faire des ouvriers solides en les rendant à l'agriculture pendant l'été.

De la vaine pâture.

La vaine pâture s'étendant malheureusement sur les prairies comme sur les champs, je parlerai d'abord des prés. La routine, puisqu'il faut l'appeler par son nom, permet, dans le siècle de progrès où nous prétendons être, aux conseils municipaux de disposer, au grand préjudice des propriétaires, et aux grands avantages du premier venu, de tout ou partie de la récolte des prés, à dater de la fenaison, sans que, jusqu'à présent, les tribunaux, qui cependant devraient être les gardiens de la propriété, aient pu s'opposer à ce que je veux bien appeler poliment un abus manifeste ; abus qui tue et qui tuera toujours l'agriculture, tant que l'on aura la faiblesse de le maintenir.

D'abord, de quel droit un arrêté du conseil municipal privera-t-il un pauvre diable de ses regains dans telle localité, et les lui assurera-t-il dans telle autre? Tout le monde en France ne doit-il pas être également libre de sa propriété ; et pourquoi l'héritage de ses pères serait-il privé du tiers de son produit, parce que souvent un conseil municipal votera, sans avoir la première notion d'agriculture, qu'il serait dans l'intérêt de la majorité de nourrir son bétail sur la pâture d'autrui.

En second lieu, il est défendu malheureusement presque partout, soi-disant, d'aller pâturer par les temps humides, à cause des dégradations, souvent trop sérieuses, que cause toujours le gros bétail dans les prés détrempés par les pluies. Qui se trouve juge des jours de permis ou des jours d'interdiction? Sont-ce les cultivateurs les plus capables, les plus expérimentés d'un village? Oh non ! C'est toujours, ou presque toujours, le garde champêtre, et l'on sait que malheureusement trop souvent il rivalise d'obéissance passive avec le bon gendarme de Nadaud.

L'avenir de la récolte des prés soumis à la vaine pâture est donc, presque partout, confié à l'initiative de ces dignes fonctionnaires, et vous voulez que l'on voie briller l'agriculture !

Faites des prés ! élevez du bétail ! vous

crient, sur tous les tons les agronomes de cabinet. Et vous croyez que les habitants des campagnes, qui ne sont pas plus bêtes, et qui, ordinairement, entendent mieux leurs véritables intérêts que tous ces conseilleurs, iront niveler des terrains, les drainer, y dépenser leur argent et leurs peines, pour que d'autres profitent de la moitié de leur récolte, et, parce qu'ils auront créé des prés, ils ne seraient plus maîtres chez eux? Allons donc! Ils aimeraient mieux, Dieu me pardonne, que le diable les emporte; et, tout bon chrétien que je suis, je crois qu'ils ont ma foi raison.

Vous voulez qu'un cultivateur élève du bétail; mais avec quoi le nourrira-t-il, si chacun a le droit de le priver de la moitié de la récolte de ses prés? Et certes, je puis affirmer, sans crainte d'être démenti par les vrais praticiens, que dans un pré bien fumé, et bien soigné, le regain et la pâture sont aussi profitables pour un cultivateur ou un propriétaire que la récolte du foin. On peut donc, par la vaine pâture, les priver de la moitié de leurs produits, et l'on veut qu'ils doublent leur bétail! Décidément il faut être trois fois agronome de cabinet pour se forger des illusions pareilles, et je suis bien forcé d'être obligé de leur certifier, que malgré toute leur théorie, ils n'arriveront jamais à faire comprendre aux habitants des campagnes qu'ils peuvent nourrir le gros bétail, comme on dit vulgairement, avec de l'amour et de l'eau fraîche.

Mais, me dira-t-on, il faut cependant que ce pâturage ait servi à quelqu'un, c'est incontestable; mais à qui? Presque toujours à des spéculateurs qui n'ont pas un pouce de terrain leur appartenant, et qui surtout, lorsque la vaine pâture est complète, achètent du bétail maigre (fin de juin), et tâchent de l'engraisser sur la propriété d'autrui; et dont le fumier même, est non-seulement perdu pour l'agriculture, mais je dirai plus, lui devient nuisible, car, chacun doit savoir que la bête à cornes répugne de manger l'herbe à l'endroit où l'engrais du bœuf en pâture est tombé.

Et dans les communes où la déplorable coutume est de livrer la vaine pâture des prés aux moutons et aux oies, que reste-t-il au petit propriétaire, qui tâche de faire paître son unique vache, le bien-être de sa famille? Rien, malheureusement rien.

Là, où le mouton et l'oie ont passé, le cheval et le bœuf ne pâturent plus; et c'est donc pour le profit de quelques rares individus, qui peuvent avoir un troupeau, que l'on force tous les braves gens d'un village à passer toute leur vie dans la gêne, la détresse, en les privant de ce qui leur appartient; est-ce juste?

J'ai quelques fermiers qui ont de beaux troupeaux, mais, s'ils ne pouvaient pas les nourrir sur mes fermes, je ne crains pas de dire, que je renoncerais de bon cœur, à l'avantage que ces élevages me procurent, pour ne pas faire tant de tort à mon prochain.

Pourquoi récolte-t-on si peu de foin dans notre belle Lorraine? C'est que les prés sont mal soignés; pour obtenir de belles récoltes, en fait de prairies, il faut, surtout, deux choses: le fumage et les irrigations.

Fumer nos prés, diront les petits propriétaires et les cultivateurs, et pourquoi faire? Pour que notre engrais, que nous nous donnerions tant de peine de conduire et d'étendre en automne, et dont nous priverions nos terres, ne nous profite pas (surtout dans des printemps un peu secs) pour la première récolte des foins, et que plus tard, s'il fait pousser de la belle et bonne herbe, elle soit mangée par le bétail de nos voisins? Nous ne sommes pas si dupes, et nous aimons tout autant que notre fumier enrichisse nos corvées que de nous donner la peine de le conduire dans les prés, pour le grand bénéfice d'autrui.

Quant aux rigoles, aux saignées, aux fossés d'assainissement et d'irrigation, faudra-t-il donc, disent les cultivateurs, être toujours au Juge de paix, quitter la surveillance de son train pour empêcher le bétail de la commune de les détériorer ou de les combler? Faudra-t-il, tous les jours, subir de nouvelles expertises dont on n'est jamais sûr du résultat, eût-on même dix fois raison, se faire des ennemis de tout le monde, pour sauvegarder son travail? Oh! le jeu ne vaudrait pas la chandelle, et tant qu'il y aura de la vaine pâture, nous aimons mieux laisser nos prés rapporter ce qu'ils pourront que de nous donner tant de peines inutiles, et surtout tant d'ennuis.

Et voilà pourquoi, tant qu'existera cette coutume, aussi injuste qu'absurde, il n'y aura que les agronomes de cabinet qui pourront se leurrer de l'espoir de voir en France, et surtout en Lorraine, le bétail se multiplier comme il serait indispensable, pour l'immense avantage de l'agriculture et le bien-être des consommateurs.

Maintenant, comment peut-on se garer de la vaine pâture pour les prés? Certes, dans les prés irrigués où l'on établit, à grands frais, et fossés et rigoles, à force de gardes, de procès-verbaux, de déplacements et d'ennuis pour suivre les procès, on peut, peut-être arriver à dégoûter les intrus, *s'ils sont solvables*, de venir, quand bon leur semble, détériorer tout votre travail; mais dans les prés ordinaires, malheureusement vous êtes forcés d'en venir à la clôture, si vous voulez rester libres chez vous. Or, les clôtures, en général, sont de deux sortes : la haie défensable ou le fossé de quatre pieds; il y a bien encore, la barrière en fil de fer, que l'on essaie par économie depuis quelque temps, mais qui résiste difficilement au grattage du bœuf ou à l'impulsion du cheval.

Parlons donc de la haie.

Il faut, d'abord, qu'elle soit plantée à cinquante centimètres du terrain d'autrui; elle doit avoir au moins cinquante centimètres de large, et grâce aux racines et aux rejets, il faut penser que l'on ne peut rien récolter à un mètre de sa plantation, sans compter que, pour avoir une haie défensable, il est de toute nécessité, qu'elle soit taillée aux ciseaux, opération qui revient cher tous les ans (j'en connais quelque chose). Mais, pour se faire bien une idée de l'impossibilité de se défendre avec la haie vive, veuillez réfléchir sérieusement à ce que je viens de dire, et appliquez-le, en imagination, à la prairie de Tomblaine, divisée, je suppose, comme dans bien des localités, en héritages de trente ares environ. Qu'en arriverait-il? C'est que cette belle prairie perdrait, d'abord, un grand quart de son produit; et que l'on aurait diablement de peines et de discussions pour sortir le peu de fourrage qui resterait, si chacun voulait se garer de la vaine pâture. D'ailleurs, nos agronomes de cabinet seraient les premiers à s'écrier et de bon droit, cette fois : détruisez, mais détruisez-donc ces haies qui ne rapportent rien; mais, ils oublieraient de détruire la vaine pâture qui serait seule la cause de ces clôtures.

Quant aux fossés, s'ils ne sont pas utiles pour la conduite des eaux, ils deviennent, pour les prés, nécessairement nuisibles, parce qu'ils dessèchent tout ce qui les environne, sans compter, que si on n'étend pas convenablement le jet des terres qui en proviennent, il faut calculer alors, sur deux mètres cinquante centimètres, au moins, de largeur de récolte du terrain, de perdus; et si, comme cela se voit trop souvent, surtout dans des partages de famille, chaque portion de pré n'avait que dix mètres de large, sur une assez grande longueur, que resterait-il au propriétaire, s'il voulait se garder de la vaine pâture? Et si toute une prairie devait être sauvegardée par des fossés, combien faudrait-il de ponceaux, et, par conséquent, de barrières pour pouvoir sortir une voiture de foin? Ainsi, avec le fossé comme avec la haie, combien de terrain perdu, combien de frais d'entretien, combien d'ennuis, de discordes qu'il serait si facile d'éviter, si chacun était maître chez soi.

Enfin, il y a encore un autre moyen, pour le propriétaire, d'échapper à cette triste routine; il est employé, jusqu'à présent, seulement dans les terres cultivées; c'est la prairie artificielle qui a plus de prérogatives, comme chacun le sait, et je ne sais pas trop pourquoi, que les prairies naturelles que vous pourriez former. Je me suis demandé bien souvent pourquoi les prés ordinaires, et surtout les prés élevés, ne pourraient pas profiter de la prérogative du trèfle et de la minette. Tous les véritables praticiens savent, cependant, que si on hersait avec soin la mousse et autres mauvaises herbes des prés un peu hauts au printemps; que si derrière ce premier travail, on semait du trèfle blanc ou du trèfle ordinaire, de la minette, et que si l'on donnait ensuite un léger hersage, on aurait toutes chances, surtout si l'on fumait un peu, de voir, l'année suivante, doubler la récolte. Mais, comment compter sur du trèfle et de la minette, si tous les moutons du pays ont le droit de la ronger au moment où elle pousse ?

Après la fenaison, derrière la faulx, on n'en rencontrera aucun vestige; après le regain, on en distinguerait peut-être encore moins; faut-il donc abandonner l'espoir de de la récolte nouvelle, parce qu'un garde champêtre, malgré toute sa bonne volonté, et même en ayant soin de mettre des lunettes, pour tâcher de mieux chercher ce qu'il ne peut voir, ne pourra pas affirmer qu'il a reconnu les jeunes feuilles de prairies artificielles qui, nécessairement auront disparu avec le regain; c'est ce que je livre au code législatif ou à de plus savants que moi, mais mon gros bon sens, quand je cherche la solution de cette question, bon gré mal gré, vient toujours me dire que dès que vous avez pris toutes les précautions nécessaires pour la réussite de votre récolte, elle devrait vous être assurée. Mais que surtout, pour applanir tant de difficultés, il serait bien plus simple de laisser chacun libre d'améliorer ses récoltes, en abolissant la vaine pâture.

Deux mots maintenant, sur la vaine pâture des terres cultivées.

La vaine pâture des versaines ou des étoubles, a, certes, moins d'inconvénients que celle des prés; cependant l'année 1865, d'aride mémoire, a prouvé, en forçant les propriétaires de se servir de leurs dernières ressources, que le gros bétail peut pâturer dans les chaumes, et qu'on peut, par conséquent, en retirer bon profit, surtout pour les agronomes qui ont l'habitude de fumer beaucoup, parce qu'alors il pousse nécessairement plus d'herbe dans leurs champs, et que la pâture en devient ainsi forcément plus favorable.

J'en ai fait, l'an dernier, l'expérience par moi-même; car je me suis trouvé fort heureux, grâce à mes clos, de pouvoir faire pâturer tout mon bétail à cornes dans mes étoubles pendant deux mois et je dois avouer que j'ai été très étonné de voir mes bœufs s'entretenir fort convenablement; et certes, si les troupeaux d'autrui avaient pu y pénétrer, les moutons surtout, ils m'auraient causé une perte réellement sensible. Car, ainsi que je l'ai dit plus haut, je n'ai d'autres bestiaux que des bœufs et des vaches, qui ne veulent plus sentir la pâture une fois que les bergers y ont passé.

Il est infiniment plus facile de se défendre de la vaine pâture dans les champs que dans les prairies; l'ensemencement d'un peu de trèfle ou de minette suffit. Mais ici s'élève encore une difficulté, qui donne lieu à bien des contestations : Combien faut-il de trochées de prairies artificielles par are, pour empêcher la vaine pâture ? Jusqu'à présent, on n'a encore rien décidé que de tellement approximatif que cela laisse encore cette importante question, comme trop d'autres du même genre, sous la décision des gardes-champêtres, qui, généralement, sont choisis parmi les braves gens, c'est vrai, qui ont quelquefois (et j'en ai connu plus d'un) un véritable mérite de pratique agricole, mais parmi lesquels, trop souvent aussi, se trouvent des types qui eussent mérité d'être chantés par Nadaud, mis en scène par Molière, et en fable par le bon La Fontaine, s'ils avaient pu les étudier de leur temps. Donc, la vaine pâture est et sera toujours nuisible à l'agriculture, puisqu'elle entretient les discordes, les haines; qu'elle ne profite qu'aux spéculateurs et et à ceux qui entretiennent des troupeaux sur le terrain d'autrui ; qu'elle nuit aux soins, à la fumure des prés, par conséquent qu'elle les empêche de produire au moins un tiers en plus, et qu'elle est donc cause ainsi qu'il y a, en France, un tiers de bétail de moins qu'il ne devrait y en avoir, et que nécessairement tout le monde en pâtit, mais surtout les pauvres diables des campagnes, qui, si on les laissait maîtres chez eux, viendraient à bout, à force de peines, de pouvoir nourrir une vache, et qui sont obligés de s'en passer pour le grand bénéfice des bouchers des villes, et autres spéculateurs, souvent étrangers à la commune. Et, cependant, le droit de la vaine pâture est incessible, vous dira-t-on, même en dépit de la loyauté et du sens commun.

Devrais-je dire que la seule objection, en faveur de cette triste coutume, que me donneraient des personnes, dont j'ai été à même de juger l'esprit sain et élevé en bien d'autres circonstances, était qu'on craignait que la suppression de la vaine pâture ne portât atteinte à la moralité des campagnes. Mais anciennement, avant les troupeaux de commune, il y avait un membre de presque toutes les familles qui conduisait le bétail en pâturage, et de plus, je me rappelle encore avoir vu pâturer la nuit et dans les bois.

Tout le monde dit cependant, et c'est malheureusement trop vrai, que l'immoralité a fait de tristes progrès dans les campagnes, surtout aux abords des grands centres d'industrie. Pourquoi ? parce que les traditions patriarcales tendent tous les jours à s'éteindre de plus en plus. Là où il n'y a plus de respect pour Dieu, là où on ne rencontre plus de respect paternel, comment voulez-vous que la jeunesse se respecte elle-même, et respecte les autres ? On cherche autant que possible à donner de l'instruction aux jeunes gens des campagnes, c'est bien ; mais alors peut-on toujours empêcher qu'il ne tombe entre leurs mains des livres qui renient Dieu, qui présentent toutes les passions humaines sous la forme la plus attrayante, en même temps que des livres de saine morale, qui, généralement, sont beaucoup plus graves.

Et comme le curé de la paroisse n'est pas toujours là pour leur en faire comprendre la différence ; comme certains pères de famille s'occupent malheureusement aujourd'hui beaucoup plus de leurs affaires que de l'éducation de leurs enfants, il est clair que les jeunes gens livrés à eux-mêmes opteront pour ce qui leur semblera le plus séduisant. Voilà, grands moralistes, la seule cause du mal que vous redoutez, et n'ayez donc pas la bonhomie d'en accuser un mode ou un autre de pâturage.

Quels seraient les avantages de la suppression de la vaine pâture ? Ils sont tellement nombreux et tellement connus de tous nos campagnards, que je ne m'occuperai que de quelques principaux.

Le premier de tous ces avantages serait de mettre d'accord la législation française avec cette partie du décalogue, qui dit : *Le bien d'autrui tu ne prendras ni retiendras à ton escient.*

Le second avantage serait de tripler, ainsi que je l'ai dit, le bétail par la possibilité de le nourrir ; de tripler par conséquent le fumier ; d'arriver ainsi à donner à la France la vie à bon marché, tout en soutenant l'agriculture, et par conséquent, de ne plus avoir besoin d'être les tributaires de nos voisins ; d'amener des transactions amicales entre les fermiers, qui seraient enchantés de céder leurs pâtures inutiles pour la garde de quelques brebis ou moutons ; de forcer les particuliers à faire des échanges, car, le pâturage de quelques pièces éparses, n'est jamais aussi facile, aussi fructueux, que celui des grandes pièces ; d'arriver à établir des chemins ruraux dans les communes, au grand bénéfice de tout le reste de l'agriculture, car chacun chercherait le moyen de pouvoir arriver à son héritage, en évitant d'être forcé de passer sur celui d'un voisin avec lequel on ne serait pas d'accord.

La vaine pâture détruite, vous verriez à l'instant la campagne créer des prés; car, tout bien calculé, il n'y aurait pas de produits agricoles aussi sûrs, aussi peu coûteux, et par conséquent aussi avantageux que ceux des prairies, si, entendons-nous bien, on pouvait en profiter.

Enfin, si on était sûr de pouvoir profiter de ses sacrifices, les associations pour les irrigations se formeraient bien vite ; le campagnard calcule plus que ne le pensent les agronomes de cabinet, croyez-moi bien; montrez-lui une spéculation dont il puisse reconnaître l'avantage réel, et les fonds ne manqueront pas; et soyez-en sûrs, vous tous, messieurs, dont l'avenir de l'agriculture dépend, vous n'arrêterez l'émigration des champs vers la ville, vous n'attacherez réellement l'homme de la campagne à ses champs, qu'en le dégrevant de toute servitude injuste, car, la première condition pour l'attachement à la propriété, c'est de pouvoir être le maître chez soi. Pour ne point être trop long, je m'arrête, et je ne ferai plus, en terminant, que de répéter ce que j'entends redire tous les jours en français autour de moi par les anciens et les plus sérieux praticiens : et *delenda est Carthago.*

De l'agriculture et du commerce.

Certes, l'homme civilisé ne peut se passer du génie commercial, qui lui procure des jouissances qui sont devenues presque absolument nécessaires à notre genre de vie ; mais avant tout, d'abord, il faut vivre, et quiconque veut un peu réfléchir et étudier d'où viennent les productions de l'industrie, trouvera presque toujours leurs bases premières dans les produits de l'agriculture, quelquefois étrangère, c'est vrai, souvent incompatibles avec les produits possibles de notre belle patrie, c'est encore plus vrai ;

mais en définitif, qu'ils soient le fruit d'une culture étrangère ou française, ils n'en sont pas moins les fruits de l'agriculture ; donc, non-seulement l'agronome de tout pays, nourrit les habitants du sol qui l'a vu naître ; mais le produit de son intelligence et de ses efforts est encore la base principale du commerce qui relie l'Europe avec tous les pays du monde.

Par conséquent, selon moi, l'agriculture, surtout en France, où vingt millions d'habitants se livrent à cette noble industrie, devrait avoir le pas sur le commerce, qui, en définitif, ne peut pas vivre quand l'agriculture pâtit.

Qui peut faire prospérer le grand commerce, si ce n'est les petits marchands, qui servent à lui faire écouler ses masses de marchandises ? Et demandez à tous les marchands de détail d'une ville comme Nancy, je suppose, s'ils seraient capables de faire convenablement leurs affaires, si la campagne ne venait point acheter chez eux. Il y a certainement quelques industries qui sont plus spéciales aux besoins des villes : mais leur nombre est tellement restreint, qu'il ne peut raisonnablement compter.

La grande majorité des commerçants a

donc forcément besoin, pour pouvoir faire ses affaires, de l'achat des campagnards ; mais si les cultivateurs, les villageois sont pauvres, comment voulez-vous qu'ils achètent ?

Le fermier, comme le propriétaire paysan, ne consacre plus de nos jours toutes ses économies à l'achat des propriétés. Le luxe malheureusement a pénétré chez eux, comme partout, et ils se sont créé aussi des besoins absurdes qu'ignoraient leurs pères, et que maintenant il faut satisfaire à tout prix ; ils sont devenus ainsi forcément les tributaires du commerce, et, aujourd'hui, les plus beaux produits de l'agriculture ne servent que trop souvent à payer du clinquant et du ruolz, qu'auraient tant méprisés leurs ancêtres qui, s'ils ne possédaient que bien peu de bijoux, auraient rougi de ne pas les avoir du moins de bon aloi.

Quoi qu'il en soit, puisque l'agriculture s'est faite, en quelque sorte, la tributaire du commerce, et ce dernier, souffrant forcément alors quand la première est dans la gêne, il ne peut donc vivre, en grande partie du moins, que par l'agriculture ; c'est donc elle, qui se trouve la base fondamentale de notre société française, et c'est malheureusement des fondations de notre édifice social, de l'agriculture, en un mot, dont on semble s'être occupé le moins en France, depuis que Sully n'existe plus.

Que de sacrifices n'a-t-on pas faits pour le commerce ! Que de guerres, que de désastres la France n'a-t-elle pas subis pour le protéger ! Que de sang répandu, que d'argent dépensé ! Et en définitif, qui retire le plus beau profit de tous les sacrifices imposés à la nation tout entière ?

D'abord, quelques individus qui deviennent en quelques années millionnaires, parce que les besoins de tous sont en quelque sorte obligés de passer par l'initiative de leurs vastes spéculations. Et puis le commerce subalterne qui se trouve forcé, par sa position même, d'augmenter, au préjudice des acheteurs, les produits qu'il reçoit de la haute spéculation.

Et cependant, il y a des millions et millions de braves gens en France qui, certes, risquent plus leur avenir dans les campagnes, que le marchand ne peut le faire dans les villes ; qui travaillent plus, dans une seule fenaison ou moisson contrariée, que l'industriel ne peut le faire dans toute une année, et qui, au bout du compte, nourissent, défendent, instruisent et moralisent le pays. Car, d'où sortent les trois quarts des soldats, des maîtres d'école et des prêtres, si ce n'est du sein de l'agriculture ?

Et pourquoi donc, a-t-on fait jusqu'à présent, pour le commerce, tant de sacrifices, que l'agriculture a si largement payés des fruits de ses labeurs et du sang de ses enfants, et pourquoi l'agriculture est-elle restée jusqu'à nos jours dans un rang si tristement secondaire, quand elle devrait être au premier?

C'est que l'agriculture, comme l'a fait sentir si spirituellement La Fontaine, n'a que le mérite trop modeste de faire le bien de tous, sans se mettre en avant, et que le commerce, à force d'initiative, est bien venu à bout de se faire valoir et d'obtenir d'immenses concessions qui devraient être, cependant, la part de l'agriculture, puisque nulle industrie, en France, ne peut rivaliser avec elle, du moins pour l'utilité.

Du passé de l'agriculture.

Pour résister à toutes les attaques plus ou moins spirituelles, et surtout plus ou moins véridiques, des novateurs de nos jours, il a fallu, à l'agriculture du bon vieux temps, comme on a encore coutume de l'appeler, une bien grande force vitale, pour avoir pu se sauver de cette avalanche de pamphlets qui semblaient devoir l'engloutir, et cette égide n'était qu'une simple qualité morale, la loyauté. Dans l'ancien temps, dit-on encore maintenant dans les campagnes, quand on s'était tapé dans la main, un marché était fait, et celui qui manquait à sa parole, était déshonoré et forcé de quitter le village; on ne savait pas ce que c'était que marchander avec l'honneur et tâcher de passer entre deux articles de loi; dans l'ancien temps, on était franchement honnête homme, ou on était franchement coquin.

Fais-toi prêtre, laboureur ou soldat, disaient nos pères à leurs cadets, quand ils venaient leur demander conseil sur le choix d'un état. Il fallait donc que les cultivateurs eussent terriblement ennobli leur position pour que ces fiers gentilshommes missent la charrue au même rang que l'épée, et si les laboureurs n'ont eu, dans le bon vieux temps, que le mérite de récolter de la considération, il faut convenir, au moins, que ce fut à large dose.

Mais n'a-t-on pas été aussi souverainement injuste, en attaquant l'agriculture ancienne ; et tous ceux qui l'ont foudroyée, et la foudroyent encore de phrases si ronflantes, se sont-ils donné la peine d'étudier sérieusement, et surtout impartialement, ce qui se passait de ce temps-là ? J'en doute ; et tout ce qu'ils ont écrit est même la meilleure preuve que j'ai le droit de douter.

Certes, l'agriculture n'était pas si avancée que de nos jours pour les céréales ; mais à quoi cela aurait-il servi alors ? Le pays était plus de moitié moins peuplé ; on aurait fait venir le double de récoltes qu'elles seraient devenues inutiles, faute de communications et, par conséquent, de transactions et de commerce.

Le bétail croissait forcément dans une immense pâture ; et je me rappelle encore, avoir vu ma mère payer la livre de bœuf, de première qualité, neuf sols, à Nancy. Tout a fait bien des progrès depuis ce temps-là ; quand ce ne serait que le prix de la viande de boucherie, que je paie, maintenant, un franc soixante centimes le kilog. A quoi pouvait donc alors servir aux cultivateurs de doubler leur bétail, s'ils ne pouvaient en trouver le débit.

Enfin, dans l'ancien temps, les instruments agricoles pouvaient-ils rivaliser avec les nôtres? Certes, non. Mais leurs outils primitifs suffisaient à leurs besoins, fort restreints d'ailleurs, par la sobriété, et puis l'on trouvait dix paires de bras pour les travaux de l'agriculture, pour un ouvrier de nos jours. Les jeunes gens étaient plus sobres, absorbaient moins de bière et ne fumaient point de cigares (à 5 centimes); les filles étaient plus modestes, et, par conséquent, avaient moins à craindre les insultes des garçons, parce qu'elles étaient moins parées.

Mais si l'on était obligé de nourrir la génération actuelle avec les ressources agricoles de l'ancien temps, il serait, matériellement impossible de pouvoir en venir à bout avec l'augmentation de la population, et avec l'augmentation, surtout, des besoins que le luxe a créés partout. Il a bien fallu tâcher d'augmenter les ressources agricoles, et les bras des campagnes manquant de plus en plus, au fur et à mesure que s'élevait l'industrie, il a bien fallu que les instruments se perfectionnassent et que les machines se chargeassent du travail que les hommes ne pouvaient plus faire. Honneur donc à M. de Dombasle! Honneur à tous ceux qui ont tâché de l'imiter, car sans leur initiative, l'agriculture serait dans une terrible passe maintenant.

Mais si nous devons primer notre époque, et pour la culture, et pour les instruments agricoles, en est-il de même pour l'élevage du bétail? Hélas! non, et cent fois non.

Que sont devenus nos chevaux de la race ducale? Où trouve-t-on encore ces bonnes vaches de pays?

Hélas! encore une fois, le progrès de notre pauvre Lorraine, au lieu de chercher à améliorer, a semblé s'attacher à tout détruire pour le bétail, et ce qui nous reste est, ma foi, un triste produit de la haute intelligence de tous nos novateurs.

Examinez maintenant, outre ce que je viens de dire, s'il y a la même bonne foi dans les transactions, si l'avarice n'a pas détruit l'antique hospitalité ; cherchez si les traditions patriarcales existent encore; voyez, si les mœurs sont restées aussi pures, et jugez maintenant si les trop spirituels novateurs de nos jours, doivent se montrer si sévères pour l'agriculture du bon vieux temps.

Du présent.

Comme je viens de le dire, si nous avons gagné du côté des céréales, des prairies artificielles, des instruments et machines aratoires, des plantes sarclées, nous avons évidemment perdu du côté du bétail. Si l'instruction a fait de grands progrès, les vertus primitives tendent bien fort à s'éteindre. Que reste-t-il donc à faire au présent pour arriver à former une belle époque dans l'histoire? Tout simplement de tâcher de conserver précieusement ce que nous avons acquis, de chercher à regagner, par tous les moyens possibles, ce que nous avons perdu; et ce serait alors, que je serais fier de m'appeler cultivateur, si à l'initiative actuelle se joignaient les vertus patriarcales du temps passé; quel avenir alors, pour l'agriculture, si le Pouvoir voulait un peu l'aider!

Je sais bien que ce n'est pas toujours la bonne volonté qui manque, mais l'embarras de savoir comment il faut s'y prendre et la crainte d'être obligé de s'engager dans un dédale dont on ne pourrait plus sortir, même au prix de grands sacrifices. Mais c'est alors, ici, qu'il faut regretter, plus que jamais, que le Gouvernement ne puisse pas être réellement instruit de la véritable position de l'agriculture, de ses ressources, de ses besoins, de ses désirs. Car là où la théorie se fait des difficultés qui lui paraissent un monde, la pratique, si elle pouvait être consultée, trouverait bien vite une solution facile.

Pour cela, il ne faudrait pas toujours suivre aveuglément l'avis des lauréats des concours, qui se ruinent. Il faudrait avoir enfin le courage d'aller consulter, dans la ferme, le véritable mérite agricole qui s'enrichit, et dont je vais tâcher d'être l'interprète, et l'on verra bientôt qu'il faudrait bien peu de chose pour arriver à un bien grand résultat.

De l'avenir.

La première de toutes les conditions de l'avenir agricole, c'est d'arriver à rendre à l'agriculture, du côté moral, la place qu'elle n'aurait jamais dû perdre. Sans l'estime, pas de pouvoir réel au maître sur ses domestiques et sur tous ceux qui l'environnent, et sans l'initiative et l'exemple des vertus qui la donnent, pas de considération possible pour le cultivateur ; donc, sans la considération, point de salut pour l'agriculture.

Si vingt millions d'individus, qui forment à peu près le nombre de Français qui s'adonnent aux travaux des champs, se trouvent malheureusement dans une position beaucoup trop subalterne, eux qui représentent cependant la majorité du peuple, c'est qu'ils ont perdu l'ancien prestige en perdant, en partie du moins, les vertus morales qui distinguaient leurs pères.

La seconde condition, pour l'avenir du laboureur, c'est la certitude de pouvoir enfin être libre de son bien, et surtout maître chez lui. Abolissez toutes les entraves qui arrêtent l'essor de son intelligence et de son énergie, et vous pourrez seulement juger alors jusqu'où peut aller sa puissance d'action.

Un usage absurde établissait un ban sur la récolte des vignes ; il vient d'être aboli. Pourquoi ne se hâterait-on pas d'en faire autant pour la vaine pâture, usage cent fois plus injuste et plus absurde encore que ne l'étaient le ban des vignes et les trois saisons des céréales.

En troisième lieu, il est de toute nécessité que le Gouvernement cherche à mettre chaque chose à la place qu'elle mérite, et que le véritable cultivateur, que celui qui donne le bon exemple dans sa ferme isolée, qui enrichit le pays, en s'enrichissant lui-même à force de travail, d'intelligence, de loyauté, soit honoré et surtout consulté, au lieu et place de tant de gens qui ne cherchent qu'à faire parler d'eux, en entassant sottises sur absurdités.

Certes, les avis des cultivateurs sérieux seraient infiniment plus sensés et moins flatteurs que ceux des agronomes pour rire, si je puis m'exprimer ainsi ; mais il ne faut pas oublier que le métier d'agriculteur est un métier trop grave, pour ne pas mériter d'être traité tout à fait sérieusement.

Que le Gouvernement facilite tous les échanges qui aggloméreraient les parcelles, toutes les transactions entre les propriétaires, qui auraient pour but et résultat l'établissement de chemins ruraux dans les communes.

Qu'il fasse de la décentralisation là où elle devient l'avantage de tous, et où elle ne peut nuire à personne, c'est-à-dire en agriculture. Qu'il fasse comprendre à chaque Société centrale qu'elle est à la tête de chaque province, et que chaque province doit avoir sa culture spéciale ; que le grand mérite n'est pas de vouloir la changer à tort et à travers, sur les rêves creux de quelques personnes que l'on trouve toujours pour se mettre en avant, sans vouloir, bien entendu, se rendre responsables de leurs conseils. Mais que les Sociétés cherchent simplement d'arriver, dans chaque localité, à tâcher de faire doubler les produits de la terre et les produits des étables. Pour cela, il est de toute nécessité qu'on ne mette à la tête des Sociétés d'agriculture que des gens d'un mérite agricole tellement incontestable (et je suis loin de dire qu'il ne s'y en trouve pas déjà quelques-uns maintenant) que chaque cultivateur soit tenté de suivre ses avis, et j'avoue que c'est réellement difficile à trouver, et que lorsqu'un département a le bonheur d'avoir un tel homme à sa tête, il doit en être fier.

Il serait de toute nécessité aussi, pour encourager l'agriculture, que l'on supprimât les obstacles opposés à l'élevage, car, j'en sais quelque chose. Ayez le double, le triple du bétail qui vous est absolument nécessaire pour la culture d'une ferme, on ne manquera pas de vous flanquer trois fois autant de prestations que si vous n'en aviez que le stricte nécessaire. Pourquoi, parce que vous êtes un homme d'intelligence, de progrès, et que votre voisin n'est qu'un barbare, serez-vous plus chargé que lui?

Est-ce juste, est-ce encourageant pour l'agriculture? Pourquoi ne pas imposer les propriétaires, chaque individu, sur la quantité et la qualité des hectares qu'il cultive, et principalement sur la quantité; car, il n'y a guère de mauvaises terres, quand on veut sérieusement les améliorer, et il y a beaucoup de mauvais cultivateurs.

Il se trouve encore, dans les Sociétés d'agriculture, un abus qui fait, selon moi, un grand tort à son essor. Pourquoi donner trop souvent les primes aux propriétaires, quand c'est presque toujours le fermier qui a toutes les charges? Le propriétaire n'est-il pas récompensé de ses sacrifices par l'amélioration de sa propriété et par le revenu qu'il en tire; le propriétaire a t-il avancé quelques fonds? mais le fermier a eu toutes les peines. Pourquoi donc récompenser uniquement le propriétaire, puisqu'en définitif, il finit, presque toujours, par retirer la rente de son argent? Ne vaudrait-il pas mieux, si vous voulez encourager l'initiative, donner, s'il le faut absolument, la médaille honorifique à celui qui n'a que le beau côté de l'amélioration, et abandonner la prime au pauvre diable de cultivateur qui a eu toutes les charges.

Et, à propos d'encouragement, il en est un qui ferait bondir de joie le cœur de bien des braves gens que, malheureusement, trop souvent, on oublie. On décore, de nos jours, tous les grands commerçants dont l'initiative est un peu hors ligne. Mais si la découverte de quelques machines, si l'élan donné à certaines industries est une belle et bonne chose, la moindre découverte agricole est cent fois préférable encore ; car le commerce, quoi qu'on en dise, n'est qu'une question secondaire dans l'existence humaine. Avant tout, il faut vivre, et surtout vivre au meilleur marché possible ; et il n'y a que les efforts et les découvertes de l'agriculture qui puissent arriver à ce but. D'ailleurs, le commerçant, comme le laboureur, ne sont point exempts de la fragilité humaine, et tous, ou du moins presque tous, n'ont pour mobile que cette pensée, que la nature a, de tout temps, ancrée chez l'homme, le désir de faire fortune, pour assurer son avenir et celui de sa famille.

Au bout de trente ans de services, les magistrats, presque tous les employés du Gouvernement, qu'ils aient eu ou non l'occasion de risquer leur vie pour leur pays, sont décorés. On comprend cette récompense pour des gens qui ont consacré toute leur intelligence et les plus belles années de leur vie à servir l'Etat.

Qu'il y ait une sorte de préférence pour l'officier qui va prendre sa retraite, soit; il avait voué son existence à défendre sa patrie, on l'en récompense, c'est juste. Ce n'est pas sa faute si les circonstances ne lui ont pas permis de risquer sa vie.

Mais, s'il est beau de défendre les braves gens, il est encore plus utile de les faire vivre. Un cultivateur, me dira-t-on, travaille pour s'amasser du pain sur ses vieux jours, c'est vrai; mais, comme je l'ai déjà dit, croyez-vous qu'un officier, qu'un magistrat, oublie sa retraite? Quelques trop rares croix sont décernées aux agronomes; mais encore une fois, il y a deux sortes d'agronomes, fort antipathiques l'une à l'autre, la catégorie du brillant, du clinquant, du ruolz de l'agriculture, si je puis m'exprimer ainsi, et l'autre catégorie, infiniment moins brillante, mais certes, qui est la plus nombreuse et surtout la plus utile; et laquelle de ces deux a toujours été le plus favorisée?

C'est ce que je laisserai à l'appréciation de chacun.

Parlerai-je de l'avenir de l'agriculture sous le rapport des communications? On peut être tranquille de ce côté; le commerce, la haute spéculation ont trop d'intérêt à venir en aide à l'agriculture, pour qu'on ne puisse être sûr qu'avant peu de temps, ce ne sera pas la faute de la spéculation si on ne circule pas, en France, aussi librement que possible. Devons-nous lui en avoir beaucoup de reconnaissance? Eh ma foi! pourquoi pas? Nous savons bien que ces messieurs mettront largement en pratique, le vieux proverbe de Sancho : « charité bien ordonnée commence par soi-même »; mais, si, au bout du compte, leurs efforts finissent par être utiles à tous, pourquoi ne pas leur savoir gré des résultats de leurs combinaisons?

Ce qui retardera encore longtemps, je le crains, l'essor agricole, c'est la fâcheuse position où souvent il se trouve vis-à-vis du Pouvoir. Dans un village où M. le préfet a nommé un maire qui n'est pas favorable à l'agriculture, comme maintenant le chef de la commune est l'homme du gouvernement, attaquer ce personnage est souvent, aux yeux des administrateurs, vouloir attaquer le Gouvernement lui-même, quand on est à cent lieues d'avoir cette arrière-pensée.

Un maire est ordinairement nommé par la préfecture, sur les renseignements fournis par le juge de paix et le percepteur; mais ces messieurs peuvent être souvent trompés par des dehors de convenance, qui n'ont pour but que d'atteindre la place; et si un vieux proverbe a jamais été juste, c'est celui qui dit que c'est à l'œuvre qu'on reconnaît l'artisan.

Si donc l'agriculture, quand elle a le malheur d'être taquinée journellement par un maire qui lui est hostile, ou qui veut la dominer, ne peut pas recourir au pouvoir supérieur, sans risquer de lui devenir suspecte, à cause de la politique, où diable voulez-vous qu'elle se réfugie, pour demander appui et protection, et comment voulez-vous qu'elle prospère?

Tant que l'agriculture ne pourra pas, avec l'aide du Gouvernement, des Sociétés agricoles, du concours intelligent et énergique et des propriétaires et des cultivateurs, parvenir à voler de ses propres ailes, ne serait-il pas utile, ne serait-il pas juste, de donner un léger avantage aux cultivateurs français dans leur pays, où ils ont tant de mal de faire leurs petites affaires, sur leurs confrères étrangers. On a beau dire, il me semble que sans cesser d'être philanthrope, on peut donner sans scrupule un peu de préférence, en France, à des Français, sur les Anglais, les Italiens, les Allemands, qui se trouvent d'ailleurs plus favorisés que nous, pour les ressources agricoles.

Quand on en sera venu à pouvoir briser toutes les entraves de l'agriculture française, qu'on enlève toutes les barrières, j'y consens, et nous ne craindrons pas la concurrence ; mais, tant qu'elle n'aura pas pu prendre convenablement son essor, ne pas la protéger par tous les moyens légitimes, ne pas lui faire tous les avantages raisonnables, c'est la condamner à végéter sans cesse, et peut-être à retomber de plus en plus.

Il faudrait, pour l'avenir de notre belle profession, que les Sociétés agricoles prissent une règle de conduite tout opposée à celle qui existe de nos jours ; il faudrait ne s'occuper que du sérieux de l'agriculture, et en laisser tout le clinquant ; il faudrait qu'on eût le dévouement d'aller chez le cultivateur, sans qu'il fût prévenu, inspecter tout son bétail, au lieu de primer une seule bête de son écurie, quand tout le reste est dans un triste état ; il faudrait comparer les travaux du laboureur modeste, et qui craint par conséquent de faire parler de lui, avec ceux de nos agronomes qui se vantent tellement, qu'ils finissent par ne plus guère inspirer de confiance à la vieille expérience ; il faudrait enfin aller juger le mérite du cultivateur par ses œuvres.

Si on voulait encourager l'agriculture dans notre Lorraine, il faudrait encore bien se se garder de donner les récompenses qui lui reviennent de droit, en quelque sorte, à des productions étrangères et à des bestiaux de pays qui ont un avantage de production tellement évident sur le nôtre, que raisonnablament il n'est pas même possible de penser à vouloir lutter.

Que l'on prime donc tous les plus beaux résultats que peut donner raisonnablement notre contrée ; que l'on mette de côté, dans les concours, une vanité qui encourage toujours l'arrivée d'un bétail qui nous est étranger, et par là même, dégoûte nos cultivateurs.

Que l'on ne s'attache pas enfin à la graisse et à la grosseur, et que l'on encourage tout ce qu'il y a de meilleur pour l'agriculture lorraine et pour les consommateurs du pays, et l'on verra bientôt les vrais cultivateurs être fiers d'obtenir des médailles.

Il faudrait encore, pour l'avenir de l'agriculture, qu'une forte partie des primes fût dévolue aux serviteurs qui ont montré de l'attachement et du dévouement pour leurs maîtres. Quelle est la plus grande plaie agricole de nos jours ? C'est la difficulté de se faire servir.

En encourageant la bonne volonté des domestiques, autant qu'il est possible, c'est rendre un véritable service à tout le monde, en même temps qu'accomplir l'œuvre philanthropique la plus juste, car, le propriétaire n'a généralement pas besoin de l'argent des primes.

Le fermier peut, au besoin encore, s'en passer; d'ailleurs, tout ce qu'ils font de bien et de beau est toujours beaucoup dans leurs intérêts. Mais le serviteur qui met du dévouement à servir son maître, quand il ne doit en retirer aucun profit personnel, je soutiens, moi, que c'est lui qui doit être récompensé avant tous les autres, et que, comme il est presque toujours pauvre, c'est à lui que doit revenir la première part de l'argent des concours ; car, quoi qu'on en dise, c'est le plus essentiel de tous les aides agricoles, et en encourageant ainsi la bonne conduite et la bonne volonté dans les campagnes, on rendrait service non-seulement aux cultivateurs, mais encore à toutes les personnes qui sont obligées de se faire servir; car, c'est du village que sortent les serviteurs de la ville, aussi bien que ceux de la campagne.

Pour ne point être par trop long, je terminerai ce chapitre en faisant remarquer, à bien des gens qui l'ignorent, la fausse position dans laquelle est placé trop souvent l'honnête homme de la campagne vis-à-vis de celui qui ne l'est pas.

Comme tout le monde le déplore, les bras manquent par trop dans les fermes, et l'on se trouve forcé, souvent bien malgré soi, d'employer des gens, dans lesquels on ne peut avoir grande confiance; et ces gens-là sont presque toujours pauvres, parce qu'ils ne vivent que dans l'oisiveté, l'ivrognerie et trop souvent la débauche. Quand un cultivateur a réellement à se plaindre des effets de la mauvaise volonté de ces rebuts de la population, que peut-il faire : les faire condamner à une indemnité, à une amende, par le ministère du Juge de paix? A quoi cela sert-il, s'ils ne peuvent payer? Et il faudra encore, s'il y a quelques frais, que l'honnête homme les solde.

Si les délits qu'on a commis vis-à-vis de lui sont plus graves, et que le cultivateur obtienne, à force de déboursés et de démarches, une répression sévère, de la prison enfin, contre un de ces malheureux, à quoi cela aboutira-t-il? A ce que le malhonnête homme rira au nez de celui à qui il a fait du tort, en le remerciant de le faire nourrir et chauffer à ne rien faire. Je n'exagère rien en parlant de la sorte; cela m'a été dit, malheureusement plus d'une fois, à moi-même, lorsque je menaçais le vice de la répression qu'il méritait. Quand un homme est descendu à cet état de dégradation, la honte n'a plus aucune prise sur lui.

Pendant que l'honnête homme est obligé de travailler pour gagner sa vie, et qu'il se fait du travail, une gloire, aussi bien qu'une ressource, pourquoi donc y aurait-il un si grand privilége pour ceux que la société se voit dans la nécessité de punir, qu'ils se trouvent seuls exempts de la condamnation que Dieu a prononcée contre le genre humain : *Tu gagneras ton pain à la sueur de ton front*. Certes, je suis aussi philanthrope qu'un autre, mais je préfère, et je préfèrerai toujours, l'honnête homme au coquin, et s'il y a, de nos jours, une chose qui soit souverainement injuste, c'est de voir nos braves campagnards, parce qu'ils ont du cœur, user leur vie pour tâcher de n'être à charge à personne, tandis que la lie de la population, la honte de la nation française, ne gagne même pas son pain quotidien, en prison; et qu'ainsi ce qui devrait réprimer le vice, n'est réellement pour lui qu'une véritable récompense.

On aurait bientôt le quart de moins de vagabonds dans les prisons, si elles n'offraient pas l'appât de l'oisiveté; et quel mal y aurait-il, je le demande à tous les gens sensés et raisonnables, de voir les mauvais sujets travailler seulement la moitié de ce que travaillent nos braves campagnards?

Je crois que le travail n'a jamais déshonoré personne, et comme, au bout du compte, il est peu d'êtres au monde qui ne préfèrent le soleil et la liberté aux murs qui les renferment, si d'une manière ou de l'autre, il fallait travailler, tous ou presque tous, ils préféreraient certainement le travail libre à celui qu'on impose, et la prison deviendrait alors une véritable punition et une sauvegarde pour la société tout entière.

De la révision du cadastre.

L'instinct de l'honnête homme, qui lui fait approuver tout ce qu'il y a de bien, recherche naturellement tous les moyens praticables d'arriver à ce but tant désiré par toutes les intelligences loyales, de pouvoir, sans procès, sauvegarder ses biens, et de ne plus avoir possibilité de faire, en agriculture, le moindre tort à personne.

Or, quelle est la cause de tant de réclamations devant les Juges de paix, et souvent même, devant les tribunaux? C'est tout simplement, parce qu'il n'y a plus de limites certaines à chaque propriété. Le bon vieux temps (dont on se moque tant de nós jours) avait pourtant ceci de bon, quoi qu'on en dise : c'est qu'un propriétaire qui vendait alors, avait la probité d'indiquer presque toujours la contenance exacte de son champ, dans sa longueur, dans sa largeur à chaque bout et au milieu, tandis que de nos jours, dans presque tous les actes, vous trouvez le mot *environ*, qui, en fait de probité, est le mot le plus complaisant et le plus élastique que l'on connaisse.

Le code rural actuel, dont on demande

de tous côtés, et à si juste titre, le sérieux remaniement, contient un article qui, malheureusement, est complétement mis en vigueur, et qui parfois est souverainement injuste, c'est la possession annale. N'est-ce pas donner le plus grand encouragement possible à la fatale passion, innée dans l'homme (et que la religion peut seule combattre), de s'agrandir aux dépens du prochain?

Il est certain que l'ouvrier de campagne, qui cultive lui-même ses champs, conservera toujours ses limites, dût-il aller dix fois au Juge de paix; mais, la veuve, l'orphelin, le soldat, qui hérite quelquefois de ses parents, à plus de mille lieues de son village, l'humble employé, l'ouvrier intelligent, qui se trouve, par état, dans l'impossibilité de surveiller les terrains qu'il confie, les propriétaires petits et grands qui, par leurs positions, par les services mêmes qu'ils rendent à l'Etat, se trouvent forcés de négliger la surveillance de leur patrimoine, devraient-ils être à la merci de la cupidité de leurs voisins?

La possession annale, serait, selon moi, une loi complétement injuste, si elle n'avait pas été forcée, pour ainsi dire, par tous les actes qui se passent de nos jours. Un père de famille fait-il son partage entre ses enfants, il a presque toujours soin d'augmenter la quantité de son bien ; et Dieu sait combien, en Lorraine, il y a d'individus qui ne possèdent pour tous titres que des billets de partage. Se fait-il une vente, on trouvera, comme je vous l'ai dit, à chaque pièce, le mot *environ*, qui a le malheur de rimer terriblement avec le mot usurpation.

Enfin, le fermier qui est responsable, et à qui son successeur fait ordinairement rendre un compte sévère de l'entretien et surtout du contenu exact des terres qui lui sont confiées, a soin d'avoir plus que son compte, pour être bien sûr d'en avoir assez.

Mais, d'après le simple bon sens, s'il y a tant de raisons qui peuvent tenter les campagnards de faire du tort à leurs voisins, ne serait-il pas urgent, ne serait-il pas heureux, si l'on pouvait mettre une barrière infranchissable à la cupidité et à la mauvaise foi ? Et je n'en vois pas d'autres que la révision du cadastre, et par là, un abornement général que nul ne pourrait plus braver.

Mais, si la révision du cadastre est une chose utile, loyale, je dirai plus, presque indispensable en principe, j'avoue qu'elle est difficile en application : bien des communes déjà ont essayé de se faire aborner et par cela même, d'arriver au respect de la propriété ; faudrait-il que de si lourds sacrifices qu'elles se sont imposés soient doublés ?

Un second écueil pour la révision du cadastre, c'est qu'il faudrait nécessairement que les géomètres qui en seraient chargés fussent juges de ce que valent et les titres *d'environ*, et les billets de partage à contenances équivoques. Enfin, il resterait toujours la grande question du paiement du travail de ces messieurs, qui nécessairement coûte fort cher, et qu'il serait bien onéreux aux propriétaires de supporter seuls, surtout dans les communes, où on a déjà fait faire un travail à peu près équivalent. Si l'Etat pouvait venir en aide à l'agriculture et à la propriété, en ayant, pour lui-même, des renseignements infiniment plus exacts que ceux qu'il possède maintenant ; si l'Etat pouvait, par ses ingénieurs, qui sont d'abord payés par lui, arriver à ce que la révision fût faite d'une manière consciencieuse, et à un prix qui ne fût pas trop élevé, à donner ainsi à chacun un titre incontestable de sa propriété, je dis qu'alors la révision du cadastre serait tout ce qu'il pourrait y avoir de plus heureux pour les honnêtes gens, qui seraient toujours sûrs de trouver, à la mairie, la contenance exacte de leur bien, et qui seraient, par cela même, délivrés de l'ennui d'être obligés de le défendre journellement à la justice de paix, voire même au tribunal, quand ils ont le malheur d'avoir un mauvais voisin.

Un dernier conseil aux propriétaires et aux fermiers.

Presque tous mes parents, mes amis, étant comme moi propriétaires, je me permettrai, pour leur être utile, de leur donner un bon conseil, que je désire de tout cœur leur voir suivre, pour pouvoir soigner leurs propriétés, et pour conserver la considération qui leur est indispensable pour tenir leur place vis-à-vis de leurs fermiers.

Il faut de toute nécessité qu'ils tâchent d'avoir quelques notions indispensables sur l'agriculture ; mais surtout qu'ils s'attachent à n'étudier que son côté sérieux ; car ils n'ont à faire qu'à des individus essentiellement pratiques, et qui, intérieurement, ne les respecteront qu'à la condition *sine qua non* qu'on ne répondra à leurs réclamations, bonnes ou mauvaises, qu'avec du bon sens et de la logique, mais, surtout jamais avec ces phrases ronflantes et dépourvues de fond, dont ils se moquent si souvent.

Je leur conseillerai encore de tâcher d'être toujours justes envers leurs tenanciers, parce que c'est le devoir d'un honnête homme ; d'être bons tant qu'ils le pourront, surtout vis-à-vis du malheur qui n'est pas mérité ; mais aussi, le cas échéant, de savoir être fermes. Faire du bien à un pauvre diable qui le mérite ne peut que toujours porter bonheur ; mais céder à des sollicitations injustes, auxquelles on finit par donner droit quelquefois pour se débarrasser d'une importunité qui ennuie, c'est, selon moi, se préparer un avenir de tracas et souvent pis encore.

Dès que le campagnard vous aura fait céder une fois, comme il est, par nature et par position, patient et entêté, il faudra, ou que vous cédiez toujours, ou que vous vous fâchiez tout à fait, et le résultat inévitable sera trop souvent de perdre un bon serviteur, dont vous n'auriez eu qu'à vous louer, si vous aviez employé un peu plus de fermeté.

En terminant cette deuxième édition de pensées, de réflexions et de conseils, dont la première a déjà obtenu un accueil si bienveillant qu'il a dépassé toutes mes espérances, n'oubliez pas, je vous en prie, laboureurs dont les pères étaient si respectés anciennement, qu'ils obligeaient, à force de probité, leurs seigneurs de les honorer comme ils le méritaient et de leur tendre cordialement la main. N'oubliez pas que si votre avenir dépend de votre activité, de votre initiative, enfin des progrès sérieux que de toute mon âme je prie Dieu de vous faire obtenir, vous ne reprendrez jamais dans le monde le rang que jadis vos pères s'y étaient créé, si vous ne cherchez pas avant tout à imiter leur probité proverbiale et cette vie patriarcale qui les rendait si nobles dans leur simplicité.

Post-Scriptum.

Pendant que l'on imprimait ce petit ouvrage, j'ai voulu, tout en faisant faire un joli voyage à ma fille, étudier, au printemps, la culture de la vigne dans le midi de la France et sur les bords du Rhin ; étudier de même, les chevaux du Limousin, de l'Auvergne et des Alpes françaises, et enfin, en Suisse, ce beau type de bétail à cornes, que l'on vante tant, avec raison, chez nous.

J'avais, d'ailleurs, un autre but, c'était de m'occuper aussi, dans une étendue de sept à huit cents lieues que j'avais à parcourir, de l'agriculture comparative de chaque province et de chaque pays, et surtout de l'aménagement des bois. Je ne dirai qu'un mot au sujet des forêts, sur tout ce que j'ai pu remarquer dans le Midi comme dans tous les autres départements que j'ai parcourus, c'est que le présent et l'avenir de nos bois sont presque partout perdus en France; et que, par cela même, nous deviendrons forcément, nous Français, qui voulons gouverner le monde, les tributaires de nos voisins. A qui la faute? A tous ceux qui veulent jouir sans s'inquiéter de leur postérité, ou qui ne calculent pas, que s'il ne faut qu'une heure à deux bûcherons pour abattre un grand chêne, il faut à la nature trois cents ans pour le faire croître.

Quant au bétail, j'ai cherché inutilement dans le Limousin, dans l'Auvergne, dans les Alpes, ces bonnes races dont ils étaient jadis si fiers, et à juste titre, et qui ont été détruites, englouties, puis-je dire, par le progrès de nos jours.

Quant à la Suisse où, grâce à Dieu, il n'existe ni haras, ni Sociétés d'agriculture du même genre que les nôtres, j'ai trouvé le pays le plus prospère et les plus beaux types de vaches qu'un amateur puisse désirer. Je dois relever cependant, ici, une grave erreur, où l'on est généralement en Lorraine, c'est de croire que toutes les vaches suisses sont des bêtes énormes, dont on nous montre ici des types passablement dégénérés. L'immense majorité du bétail suisse est de la petite espèce; quelques couvents, quelques riches amateurs s'occupent seulement de la grande race, qu'ils ont toute facilité d'élever comme elle doit l'être, et qui leur donne des résultats admirables : des vaches vendues à mille cinquante francs pièce (et l'argent a plus de valeur en Suisse qu'en France), et dont les veaux pèsent jusqu'à cent seize livres en venant au monde.

Il est une loi de la nature qui a toujours régi le monde, et qui le régira toujours; c'est que, pour améliorer un type quelconque, il est indispensable de le transporter dans un climat qui lui soit plus favorable, et de lui donner surtout une nourriture plus succulente.

En Suisse, pour élever une de ces magnifiques créatures, qui sont à juste titre la gloire du pays, il faut quatre conditions indispensables, l'herbe aromatique et si nourrissante de la montagne, l'eau pure des rochers, le grand air vivifiant des glaciers, et enfin, ce qui est indispensable à tout être pour développer complètement et ses formes, et son tempérament, huit mois de pâture consécutifs dans les montagnes, huit mois de complète liberté.

On nous montrera bien, en France, quelques lourdes bêtes, auxquelles on donne le nom de suisses, et que l'on prime à toute outrance ; mais, à moins de faire venir des sujets de Suisse pour chaque concours, vous ne verrez jamais une véritable vache suisse en Lorraine, parce qu'au bout de trois mois les types que vous tirerez de la montagne seraient déjà méconnaissables.

Je doute qu'en Normandie même elles puissent réussir; à plus forte raison, est-il absurde de vouloir les prôner chez nous ?

D'ailleurs, encore une fois, même en Suisse, ce magnifique type n'est qu'une affaire de fantaisie, et les habitants du pays, qui ont leurs bonnes petites espèces, se gardent bien d'essayer un mélange qui leur serait pourtant bien facile, et voilà pourquoi le bétail est si riche chez eux, parce qu'il est de race pure, et si pauvre chez nous, parce qu'on le bâtarde.

Il y a encore une autre manie, une autre folie, une autre rage, puis-je dire, en France, qui dépasse mon intelligence : c'est la rage de l'anglomanie, surtout à propos des chevaux.

Il y a quelques années à peine, lors de la fameuse guerre de Crimée, la cavalerie anglaise se trouvait forcément côte-à-côte avec les cavaliers français. Je me rappelle encore combien on était fier alors de la supériorité de nos chevaux de montagne, combien on jubilait de voir les plus beaux types anglais, battus si facilement à la fatigue par les petits chevaux de Tarbes.

Comment se fait-il donc qu'après avoir reçu, il y a si peu de temps, la grande leçon de l'expérience, on vienne encore aujourd'hui nous prêcher pour l'agriculture une race de chevaux à laquelle il faut tant de soins, et qui, s'ils étaient soumis seulement six mois à la rude vie à laquelle sont condamnés d'avance dans nos campagnes leurs produits, un sur dix à peine pourrait résister ?

Que les riches amateurs qui s'amusent à

faire courir en France, élèvent à grands frais des chevaux anglais dans leurs écuries modèles, rien de mieux. Les courses servent encore pendant quelques jours à amuser les badauds; mais qu'on vienne détruire nos bonnes et rudes espèces de pays, pour y substituer une race de fantaisie, voilà ce qui n'est pas tolérable en agriculture, et ce qu'il faut forcément empêcher à tout prix, si l'agriculture veut vivre.

Nous avons encore, heureusement, dans les Vosges et dans les Pyrénées, quelques localités où le bon sens montagnard n'a laissé pénétrer ni les haras, ni les Sociétés d'agriculture, et là, on peut retrouver encore quelques beaux et bons types pour réparer le mal, qui est malheureusement trop grand; mais il est temps de trancher dans le vif, et de laisser la raison diriger l'agriculture, comme elle la gouverne en Suisse.

Tant que les sportmen auront la direction de l'agriculture en France, elle dégringolera malheureusement de chutes en chutes, de misères en misères, jusqu'à la ruine complète.

Le Gouvernement, qui est bien forcé maintenant d'entendre toutes les plaintes qui s'élèvent de toutes les parties de la France, en dépit du brillant, du ruolz, de presque tous les rapports agricoles, vient d'ouvrir une enquête qui demande la plus sérieuse attention possible. Je vais tâcher de répondre en deux mots, à toutes ses questions.

On a bien été forcé, pour le commerce, de consulter les négociants ; on leur a donné des lois à eux, des juges pour eux seuls, et que l'on tire de leur sein. Faites pour l'agriculture ce que vous avez fait pour le commerce. Otez-lui ces restes d'entraves qui la gênent. Laissez conduire par des hommes du métier la profession la plus sérieuse qu'il y ait au monde, et vous verrez bientôt l'agriculture revivre, et vous donner, dans chaque province, un type de bétail qui amènera le bien-être du pays, et qui sera toujours prêt à donner les moyens de le défendre.

L'habitant des campagnes, consulté comme il devrait l'être, ne sera plus tenté de chercher des ressources dans les villes, parce qu'il sera sûr d'en trouver dans les champs, et l'on n'aura plus besoin d'enquêtes.

J'ai entendu bien des fois accuser le chef de l'Etat de la triste position de l'agriculture ; cela me semble souverainement injuste. Un roi, un empereur ne peut pas avoir fait le rude et surtout si long apprentissage de l'agriculture ; toutes les personnes qui l'entourent, et dans lesquelles il est forcé de mettre sa confiance, ne peuvent pas, malheureusement non plus, être cultivateurs. Il est impossible d'avoir son cabinet de ministre à Paris et de soigner la culture de ses champs en Lorraine ou ailleurs.

Sancho disait qu'on ne pouvait sonner les cloches et, en même temps, suivre la procession.

L'Empereur ne peut donc juger que sur les rapports qu'on lui fait, et si, dans ces rapports, au lieu de lui parler le rude et véridique français de la culture, on ne lui parle jamais que le langage brillant des concours, comment voulez-vous qu'il puisse savoir au juste à quoi s'en tenir? Et s'il s'endort quelquefois dans une fatale sécurité, n'est-il pas injuste d'accuser sa bonne volonté, quand on ne devrait s'en prendre qu'aux gens qui lui cachent tout ou partie de la vérité quand il la réclame ?

Si la position du bétail, en France, a été un triste spectacle pour moi, dans le petit voyage que je viens de faire, j'avoue que j'ai trouvé, avec une vive satisfaction, un peuple aussi intelligent et laborieux qu'obligeant, qui met mot pour mot en pratique, depuis de longues années, ce que je viens de vous écrire, amis lecteurs, et qui est heureux et riche ; parce qu'en Suisse, c'est la raison qui dirige l'agriculture, comme elle y dirige presque toutes les institutions.

Que quelqu'un vienne me dire que j'exagère dans tout ce que je vous ai écrit, je suis prêt maintenant à le prendre par la main, et après l'avoir fait parcourir de fermes en fermes, de villages en villages, en Lorraine et ailleurs, sans le lâcher d'un instant, je le transporterai en Suisse, ou partout ailleurs, où j'ai rencontré le véritable esprit de conservation et d'amélioration, et là, devant la comparaison, il faudra bien qu'il se rende à l'évidence, et qu'en pensant à tout le mal que la théorie, le soi-disant progrès en agriculture et en sylviculture, a fait dans notre belle patrie, il s'écrie comme moi : Mon Dieu ! mon Dieu ! pardonnez à tous ceux qui osent se croire plus sages que vous, car ils ne savent ce qu'ils font, en s'obstinant à changer, ou en s'acharnant à détruire les ressources spéciales dont votre bonté paternelle avait doté chaque pays.

FIN.

TABLE DES MATIÈRES.

Troisième partie.

Nancy, typ. A. Lepage, Grande-Rue (Ville-Vieille), 14.

www.ingramcontent.com/pod-product-compliance
Ingram Content Group UK Ltd.
Pitfield, Milton Keynes, MK11 3LW, UK
UKHW020547180726
13838UKWH00001B/97

9 782329 413990